“科学好简单”丛书

别怕，数学也可以很迷人

［阿根廷］迭戈·戈隆贝尔　主编
［阿根廷］巴普诺·阿姆斯特尔　著
李文雯　译

南海出版公司
2023·海口

关于本书

（及本丛书）

我一点也不在乎要去哪儿。爱丽丝回答道。

那么，你选择哪条路也就不重要了。猫驳斥道。

——［英］刘易斯·卡罗尔

这就是我们想要证明的。

——Les Luthiers[1]《Teorema de Tales》

欢迎大家来到这个奇妙国度，这里住着近视的公主、乌龟、无限的可数和不可数、理发师、做作的诗人，还有王子的候选人。再次欢迎来到数字、公式和定理的世界。欢迎来到这数学的国度。

① Les Luthiers 为阿根廷的音乐团体。——编辑注[2]

② 如无特殊说明，页下注均为作者原注。——编辑注

巴普诺·阿姆斯特尔将会是我们在这个奇妙世界的导游，在这里，一切都有可能发生（只要不相矛盾）。在这里，有的时候只要改变要素的顺序就能够改变整个结果，或者只需一个简单的句子就能让我们卷入最复杂的逻辑迷宫。这本书就像一个惊喜盒子，从最显而易见的道理开始，作者试图让我们相信数学里也存在着艺术般的美妙，出奇的是，他的确让我们信服了。这种美妙既经典又浪漫，一般而言，它是给那些成天在黑板前对着一大堆奇怪公式的人体验的，但是感谢这本奇妙的小书，让我们都可以探出我们的身子，畅游在科学与艺术这一天马行空的结合之中。葡萄牙诗人费尔南多·佩索阿曾说过："牛顿的二项式定理就像《米洛斯的维纳斯》一样美丽，只是很少有人发现它的美。"感谢巴普诺·阿姆斯特尔，他将帮助我们发现这个世界上那些无所不在的美。

但愿每个人都能遇见一个像巴普诺·阿姆斯特尔这样的导师来引导大家认识数学世界，否则我们对数学的认识就只剩下那些"灾难性"的数学课给我们留下的记忆了。不过好饭永远不怕晚，要知道当我们嘴上说"很多、很少、没有"的时候，我们也是在讨论数学。

这部科普丛书是由科学家（和一小部分新闻记者）编写而成的。他们认为，是时候走出实验室，向你们讲述一些专业科学领域奇妙的历程、伟大的发现，抑或是不幸的事实。因此，他们会与你们分享知识，这些知识如若继续被隐藏着，就变得毫无用处。

迭戈·戈隆贝尔

前　言

这是一本非典型的读物。没有人会否认，数学的某些方面曾经被定义为人类智慧中最原始的创造，但这并不是这本书非典型的原因。其非典型之处在于本书对于数学的这些方面的阐释方法：本书会在读者面前展现一个主题多样的“大游行”，从文学到哲学再到音乐，甚至能看到装汤的盘子、阿尔卑斯山的风景，以及动人的情书。

科学普及

总而言之，本书的目的简洁明了，即向非数学专业的普通读者介绍数学。我们通常把这样的读物叫作科学普及读物。但这样的读物多少涉及一些风险，就像作家（兼物理学家）埃内斯托・萨巴托写到的：

有人请我向他解释一下爱因斯坦的理论。于是我充满热情地跟他聊起了张量和测地线。“我一个字也没听懂。”他彻底傻了眼地对我说道。

我停下来想了一会儿，又试着重新向他解释，这次我没那么多热情了，做了一个没那么专业的讲解，保留了一些有关测地线的信息，并用飞行员和飞行的子弹等做例子来为他讲解。

“这下我几乎全明白了，”我的朋友对我说，看得出他十分高兴，“但还是有些东西我不明白，比如这些测地线，这些坐标……”

我有些绝望了，我又集中精神想了好久，最后决定彻底放弃向他解释测地线和坐标。我绞尽脑汁，开始只跟他聊一边抽烟一边以光速飞行的空军飞行员，跟他聊火车站站长是如何用右手开枪、左手计时，跟他聊火车和钟响。

“现在明白啦！我现在明白相对论啦！”我的朋友兴奋地欢呼道。

“是的，”我苦涩地答道，“但现在我们谈论的已经不是相对论了。”①

---

① 萨巴托，《个体与宇宙》。

不得不说明一下，本书的目的与这则小逸事不同。毫无疑问，即便对读者来说并非必不可少，作者还是会“保留了一些关于测地线的信息”，因为作者的目的在于鼓励读者，而不是吓跑读者。[①]

总之，书中所呈现的数学不仅仅被理解为一门科学，还接近于一种艺术，即从逻辑出发创造的一个复合世界，最终产生了形式罕见的美。因为世界上最伟大的数学家之一，法国数学家庞加莱曾经说过：“美学才是体现数学创造力的主导因素，而不是逻辑。”

不管是科学与否，数学都不是非得要和“知识”联系起来的。而萨巴托则再一次很好地解释了这其中的深意：

> 要将常识和科学划清界限是很难的事情，但我们可以说常识有特定的对象且具体，而科学所涉及的范围广泛且抽象。“火炉热了”就是一个非常具体的表述，既是家庭日常现象描述，也有感性内涵，让人联想起狄更斯的故事情节。而科学，将从与这些感性的

---

① 这让我想起了马其顿·费尔南德斯曾讲述过的一则校园逸事，他的父母为了鼓励他学习，特别发明了一些高分的评估方式，让他能够顺利地通过。

> 联想毫不相关的角度看待问题，如某种工具，观察得出它温度高于它周围的环境温度，热量会从火炉传递到四周环境中。科学还会用同样的方法来解读别的表述，例如“熨斗烧烫了”“人们等茶凉了才喝”。在通过科学的解读之后，最后都只得出了一个干巴巴的结论：热量从温度较高的物体传播到温度较低的物体。如果有人具备充分的知识了解到“一个孤立系统中的熵持续增加”（没有二十年的学习研究是很难达到如此境界的）就不仅仅是找一个火炉来加热了，而是有能力解决很多问题：从发动机的运作到宇宙的进化。

虽然这一段落大部分的描述都很符合数学，但最后得出的结论可能有点太狂妄，特别是解决宇宙进化问题的说法。如果说描述中有什么与数学不符的差别的话，就在于人们对“宇宙”的理解。数学，至少从 19 世纪开始，就不再是一门绝对的科学，它并非只是追求真理，而是更适合被视作它所建立的宇宙中的每一个存在的化身。虽然柏拉图确实说过“几何学知识的对象是一直存在的事物”。但我们也知道，近年来，人们对于“一直存在的事物”的解读已经没有那么明确了。

本书包含了若干个章节，但我们不应该简单地将它们理解为“书中的章节”，而是应该把它们看作一个全球性网格中的各个部分。本书中会涉及很多文学参考，有的名声显赫，例如博尔赫斯和刘易斯·卡罗尔，也会引用到爱伦·坡的诗句，甚至会引用经典著作《伊里亚特》或是《奥德赛》中的某些片段。

众所周知，《爱丽丝漫游奇境记》那疯狂作者——刘易斯·卡罗尔——有一个“隐藏”身份，他既是伟大的数学家又是虔诚的教徒——查尔斯·道奇森。这远远不只是一个给孩子们读的故事，文中充满了错综复杂的逻辑迷宫，这让切斯特顿如此评价道：“卡罗尔的奇境里住的都是疯狂的数学家。”

至于博尔赫斯，他的作品中也反复出现过数学的身影。保罗·瓦莱里，这位创造“毕达哥拉斯式诗意”这一概念的作家曾经宣称自己是“最美的科学的一位不幸的情人”。①

博尔赫斯也曾表达过相似的情感，在为E.卡斯纳和J.纽

---

① 引自一封“未发表的信”，最终被弗朗索瓦·勒·里昂纳发表在《数学思想伟大潮流》一书中。

曼的作品《数学与想象》写书评的时候他这样表达道：

> ……数学的魅力如此摄人心魄又非遥不可及，就连一个摆弄文字的人都可以理解，或者在想象中对他加以理解，比如布劳威尔的无限展延，超越霍华德·辛顿预见并察觉到的第四维，莫比乌斯建立的超限数论的雏形，芝诺的八个悖论，德扎格在无限中被切断的平行线，莱布尼茨发现的二进制表示法，用质数展现无穷星辰之美的欧几里得式表达，汉诺塔的难题，三段论的困境。

而爱伦·坡呢，下面一段引文出自著名的《创作哲学》，其中呈现了将文学创作理解为一种逻辑练习的概念：

> 在我所期望的文学作品中，没有任何一点文字是任由巧合或直觉随意编撰的，好的作品应该像解决数学问题那样，遵循精准、严密的逻辑，一步一步地迈向它的答案。

这里我想提及一位法国的精神分析学家雅克·拉康，

他对一些数学概念和公式的运用引来了不少批判（在心理学上属于非正统）。然而，数学的运用在他的文献里起着至关重要的作用，以至于让他如此说道："除了数学就没有教学可言，别的都是笑话。"

除此之外，还存在许多伟大人物对数学的认可，例如，从圣·奥古斯丁的一句话中我们能够明确地感受到他的"应用数学"精神："如果没有数学，我们便无法理解圣经中的很多话语。"

最后，如果还有什么是需要明确的，我希望大家知道，书中所有的引用、参考和离题的片段只是为了让本书变得更加生动灵活、让人愉快，同时也希望能起到激发读者联想的作用，因为可能读者们此前在数学领域的体验中并未获得太大的感触。这或许又能够激励读者们追求新的、属于自己的联想，谁知道呢。总之，就像另一位著名的出生于俄罗斯的数学家格奥尔格·康托尔所说："数学的精髓在于它的自由。"

年轻人，在数学的世界，没有理解可言，而是要去习惯它。

——匈牙利数学家约翰·冯·诺依曼对他一个学生的忠告。

关于作者

巴普诺· 阿姆斯特尔

1968 年出生于阿根廷布宜诺斯艾利斯。布宜诺斯艾利斯大学数学博士，为阿根廷国家科学技术研究理事会（CONICET）研究员。发表过大量科研作品，在阿根廷及其他国家的大学参加过各种研究项目。此外，作者还致力于各种以推广为目的的讲座与研讨会，曾写过多篇供非数学专业的普通读者阅读的文章。

目　录

第一章　**一个爱情故事** ______ 001

结局与开始 ______ 006

数学之美？ ______ 008

数学并不是艺术 ______ 022

费尔南多・佩索阿 ______ 024

数学即是重言式 ______ 028

第二章　**诗人是伪装者** ______ 037

数学事实中的经典之美 ______ 044

数学事实中的浪漫之美 ______ 048

方法之美 ______ 071

第三章　**数学家都是谎言家** ______ 081

我撒谎 ______ 083

并非如此有序 ______ 085

代表与释义 ______ 089

不属于这个世界的无稽之谈 ______ 095

自信犯错艺术中的“禅” ______ 104

瓦解系统的愿望 ______ 109

秘密阴谋 ______ 111

第四章　**公主之手** ______ 115

背景与主角 ______ 117

无限 ______ 120

序列外的证明 ______ 124

巴赫解说 ______ 126

自圆其说的文字 ______ 127

结束语

最后一刻：公主离婚了 ______ 130

参考书目 ______ 133

第一章

一个爱情故事

让我们从一位公主的故事开始讲起，她追求者众多，他们魂牵梦萦，想与公主牵手。这个故事出自一部捷克的系列动画，每一集都展示了一位达官贵人试图打动公主而精心部署的惊喜诱惑，种类繁多、充满想象。就这样，他们用尽了各种资源，有的很简单，有的叫人叹为观止，一位又一位的追求者争相献媚，却没有一个人能打动公主。如果有谁看过这部动画，那他一定还记得片中有一个人为公主展现了一场灯光与星星交汇的大雨，还有一个人为公主表演了一场雄伟壮观的空中飞行，用自己的身子在天空中画出图形。然而他们一无所获。每一集的结尾都是公主那张没有任何变化的脸，公主甚至根本就没有做出过任何的表情或手势。

但最后一集的结尾却给了观众一个意想不到的结

局：不同于之前的每一位追求者，最后一名追求者只是恭敬地掀开公主的纱帐，向公主递上一副眼镜并请她试戴，公主戴上眼镜后微微一笑，便向追求者伸出了她的手。

除了包含了无限可能的解读方式以外，这个故事本身也非常吸引人，每一集都展现了精彩绝伦的场景。然而，只有最后的结局带给我们一种一切谜题都被解开的豁然开朗的感觉。故事非常有趣，抓住了观众紧张的神经，有些时候让观众们觉得没有什么东西是能够打动公主的，随着一集一集地演下去，观众们也开始对各式各样的惊喜诱惑感到倦怠了，并开始对这位公主的贪得无厌感到气愤。她到底是在等待多么了不得的东西？直到突然间，故事情节一扭转，一件我们所不知道的事浮出了水面：公主之所以没有被那些精彩绝伦的场景所打动，是因为她根本看不清。当然，如果早些告诉我们这一点，我们就不会为结局感到惊讶了，我们同样会觉得之前的场景十分精彩，但会觉得那些达官贵人这样费尽心机有些愚蠢，因为我们已经知道了公主近视，这些她都看不清。但如果我们不知道这一点的话，就会觉得是那些追求者做得不够好，不足以打动公主。而最后一位追求者，在了解到别人的失败以后，他所做的只是改变了一下看问题的角度，并从另一个角度来解决问题。

因为你们还不知道这到底是一本什么样的书，可能你们现在就像听到刚才那个故事的结尾那样惊讶：我们要聊的是数学（或者我们正在聊数学）。但的确，聊数学不仅仅只能是证明勾股定理，也可以是聊爱情，或是讲公主的故事。数学中也有艺术的美，就像诗人费尔南多·佩索阿曾说：“牛顿的二项式定理就像《米洛斯的维纳斯》一样美丽，只是很少有人发现它的美。”

很少有人发现它的美，正因为如此，我才用公主的故事做开场。很多时候，数学家都觉得自己是坠入爱河的人，费尽心思、充满热情地想要表达出最美的难题，却得不到想要的回应。说到这里，我好像启动了一项不可能的任务：怎样才能向那些从来没有体验过美的人来传达美呢？

这一次我们也来用最后那位恭敬的追求者的解决方法试试，他向我们展示了即使是看似没有办法解决的困境也一定有它的解决方法，那就是：换个角度看问题。关于数学，有很多东西可以聊，这就是为什么这篇文稿是有意义的。但我们也可以试着换个角度看问题，现在我们从讲故事开始，故事的结局也就是我们旅程的起点。

结局与开始

公主的故事讲完了，想必大家希望我信守承诺来聊一聊数学的美。当然，我选择讲这个故事并非偶然，就像演算的步骤一样，我们把各个要素逐步合并起来，直到某一阶段，结果就会变得清晰可见。在数学中通常会发生这样的情况，可以说是家常便饭，即数学里常常会出现很“愚蠢”的表达式，例如：

$$9+16=25$$

这个式子的准确性可以说很明显，但却没什么实际用处，可它在很多场合都很受待见。要知道，在日常生活中，很多时候我们的语言并没有逻辑可循。想象一下如果我们在和一个朋友聊两个人，他口中的是一名作家，即《堂吉诃德》的作者，而我们在聊的是一名西班牙战士，他在勒班陀海战中失去了左手。可能聊着聊着，我们中的一个便会提到他口中那个作家的名字：塞万提斯。

于是，另一人大吃一惊：“啊，就是这个人！”我们并不知道塞万提斯写过《堂吉诃德》，我们只是知道他不幸的经历，知道他被叫作“勒班陀残臂人”。而跟我们聊天的这位朋友呢，深深地觉得“塞万提斯是《堂吉诃德》的作者”是众所周知的常识，以至于觉得此事不值一提。然而，经过这场偶然的谈话以后，我们双方都接受了一个有效且高度精准的公式：“勒班陀残臂人”是《堂吉诃德》的作者。

当然，一旦我们将这一事实存入我们的知识库中（好像不是很有营养），这个公式就失去的它的意义，因为它几乎就是在说：《堂吉诃德》的作者是《堂吉诃德》的作者。

数学中也会发生类似的情况。比如或许因为某些原因发生过这样的情况：我们一边与 25 这一常量打交道，另一边则与常量 9 和 16 打交道。然后我们突发奇想地将最后两个数加起来，惊喜就出现了——“就是这个数！”

鉴于我举的例子太具代表性，我们可能会被指责太容易大惊小怪。那让我们换一个角度，勾股定理的精妙之处在于它可以把看起来毫不相干的东西联系起来，就如法国数学家庞加莱所说：“数学的艺术就是给不同的东西以相同的方式命名。”

如果我们取一个直角三角形，算出它每一条边长的平方数，我们是不是会惊奇地发现这其中两个短边的数字之和刚好是第三个数字呢？或许这在毕达哥拉斯前的几个世纪，有人发现勾股定理时会这样觉得吧，而我们现在已经不会为此感到惊奇了，因为勾股定理已经告诉了我们在所有的直角三角形中都会发生这样的情况。在毕达哥拉斯以后，如果人们还为此感到惊奇的话就显得有些愚蠢了[①]，就好比是在说："啊！塞万提斯是塞万提斯！"[②]

数学之美？

但是，说了这么多，到底什么才是数学中的美呢？如果这本书只是讨论塞万提斯是或不是塞万提斯，读者们肯定会认为这是显而易见的事实，也不会再继续读下去。但事实上，没有什么是显而易见的，已经有人就塞万提斯的"塞

① 在西方，勾股定理通常被称为毕达哥拉斯定理，他们认为对这一定理最先给出严格证明的是古希腊的数学家毕达哥拉斯。——译者注

② 上述情况表明 9+16=25 这个表达式其实一点都不"愚蠢"。尽管我们已经讨论过了它的等价性，但也能明显地看出它纯粹的算数特性。

$$3^2+4^2=5^2$$

而以上这个表达式则能让我们想到勾股定理的勾股数：三个正整数（a，b，c）的集合，即 $a^2+b^2=c^2$，（3，4，5）只是其中一种。至此，还差几步就能提出那个著名的问题——那个已经吸引了数学家和非数学家三个多世纪的著名问题费马大定理，这个问题我们将在后面讲到。

万提斯性”和类似问题展开了大幅讨论。

但是，我们要讨论的是更晦涩的问题——数学之美。若想要更好地呈现勾股定理之美，将它框定在一面墙上供人欣赏应该是令人匪夷所思的做法，至少对于勾股定理来说是这样——不能被挂在墙上欣赏①。

我们所要讨论的美是一种非常特别的美，因为大家一定都认为，若想要打动观众，用一把吉他比用一个定理要容易得多②。但可以肯定的是，数学是能够产生美的，它不是图画的美、雕像的美、音乐的美或文学的美，而是数学的美。如果我们问一个人，《奥德赛》这部作品中有什么东西让它妙不可言，或许那个人也答不上来，因为这其中的奥妙不可言喻。同样的道理，一名数学家也没有办法解释他为什么会觉得勾股定理动人心魄，定理中的某些东西让它变得妙不可言，可我们说不出来那到底是什么。然而，一段音乐旋律与一个数学原理不同的是，即便我们不知道

① 但不管怎么说，如果考虑到“博物馆”（Museion）这个词的词源是缪斯的神庙（templo de las Musas），那么勾股定理出现在博物馆也有它的道理。

② 马塞多尼奥 · 费尔南德兹提出的“哲学吉他”则不同，我不认为它是律师的吉他，而是思想的吉他。

如何解释它的美丽，我们还是可以演奏它，感受它的美妙。但如果我们跟一个不知道什么是直角三角形，什么是直角边，什么是斜边的人讨论勾股定理，他是怎么都不会懂得这其中的美的。但谁知道呢，或许我们运气好，这个人很喜欢我们说话的方式，觉得我们的声音很好听，又或者很欣赏我们在黑板上的板书，让我们再想得夸张一点，他甚至可能感到这一切都很动人，但我们还是不能下结论说他领悟到了勾股定理中的数学之美。所以英国的逻辑学家兼哲学家伯特兰·罗素曾这样说道："当数学被完全理解之后，会发现这其中不仅藏着真理，还有至上的美。"

接下来我们还会讨论"真理"这个话题，其实罗素自己也质疑过这个问题，现在我们只是强调了欣赏数学之美的一个必要条件：当数学被完全理解。[①]

但在讨论数学之美之前，我们最好先弄清楚对数学的定位。一个值得一提的事实或许让大家觉得惊讶：大多数数学家并没有把数学看作一门科学，至少不是通常意义上的科学，但总的来说，也不敢把它当作一门艺术（至少研

---

① 有趣的是，罗素的说法还暗含了更深层的哲理，即数学的美取决于它的观察者。可难道说如果你不理解数学，数学它就不美了吗？

究它的都不是艺术家）。即便如此，英国数学家哈代还是在 1940 年如此写道：

> 一方面，我们有真正的数学家专研的正宗数学，而另一方面，还存在着另外一种数学，我不知道用什么更好的词来形容它，就叫它“草根”数学吧。在此很有必要为“草根”数学的存在合理性提供论据，但又不能与真正的数学起冲突，于是“草根”数学就被论证为了一门艺术。

不得不说，在这段文字中，哈代想要将数学家们天真无害的研究工作与战争和破坏性活动中利用先进科技造成的悲剧撇清关系。虽然数学的某些分支确实是以此为目的发展的，并被评定为“……不可置疑的丑陋，并且难以忍受的乏味……”。

但我们也不必陷入极端情绪，总的来说，我们还是得承认，大多数的数学家在投身于这一门既接近艺术又接近科学的学科之后得到了极大的自我满足，而数学在人类思想中所扮演的重要角色被英国数学家怀特黑德比作《哈姆雷特》中奥菲利亚这一角色：

……在戏剧中的地位绝对不可或缺，十分惹人喜爱，也有一点疯狂。

如果要弄清楚为什么数学可以和科学划清界限，我们可以先对数学定理给出一个直观的看法，大体来说包含以下几点：

术语

定义

公理

定理

这个简化的纲要基本就反映了我们所说的几何学中的要素，自从一位名叫泰勒斯的米利都的古代商人“发明”了“证明”以后，情况就是这样了[①]。的确，几何学中包含

---

① 历史学家通常将这一成果归功于泰勒斯，他在多次旅行中发现了不同民族中存在的不同数学公式。例如，历史学家认为巴比伦数学是半宗教、半游戏的混合体。据说是泰勒斯“发明”了“证明”，因为他不仅要辨别哪些公式是正确的，还需要说服别人相信它们是正确的。不管这种说法是否准确，“发明”听起来确实有些奇怪，不过那是一个一切都在等待被“发明”的时代……这让人想起一个故事，苏格拉底的一个门徒去监狱探望他，并向他分享了当时雅典学界的新鲜事：“我发现了等腰三角形，这是一个关于新三角形的绝妙想法。”

了大量的术语，例如“点”“直线”“平面”，这些术语都有着适宜的定义，并且，在一些规则的作用下，这些术语可以被串联起来形成定理。而这些起作用的“规则”就是通常所谓的公理。

说到底，定理不过是被公理和规则所验证的一种说法而已。如果我们的理论能够定义“塞万提斯”“《堂吉诃德》的作者”“勒班陀残臂人”这些术语，那么我们便能在此基础上建立一些公理：

1. 塞万提斯写了《堂吉诃德》；

2. 塞万提斯在勒班陀战役中失去一只手臂；

接下来我们要借助一点“常识”的帮助：

3. 如果两者分别与第三者有着对等关系，那么这两者也是对等。

然后我们可以得出结论：

塞万提斯定理：《堂吉诃德》的作者失去了一条手臂。

逻辑本身就暗含了意义，因此虽然定理建立在术语的基础之上，但对术语的解读方式并不影响定理本身的逻辑。比如说，在我们刚才的推导中，“塞万提斯”这个词到底是一个人真实的人名还是虚构的人名，又或者指的是热带地区的一种植物，都丝毫不重要。像这种以未定义术语和公理为基础的体系被称为“正规体系”。科学就是通过正规体系来完成它的推理的，可以简单地概括为以下方法：

科学和数学就是在这里被划清界限的。科学有着这样一个目的（至少名义上是这样）：解释宇宙。一个科学的理论是否被接受取决于它在多大程度上与我们所感知的宇宙相吻合，以及它在解释和预测现象时所起到的作用。有可能存在着以不同方式解释事物的不同理论，所以如果不清楚这些不同理论中哪个理论才是真理，人们就会用极其排他的方式接受其中的某个理论。虽然我们可能永远都无法绝对地认识这个世界，但毋庸置疑，我们物理学家绝不会接受一套可以推论出物体向上坠落的理论，不管这套理论是多么考究。

数学却有所不同。其中最著名的一段故事是关于欧几里得几何的，大概是这样的：

以前，有一位叫欧几里得的数学家，他将他所处时代中零散的数学知识一一分类、编撰起来，记录在他的巨著《几何原本》中。他的作品的一大优点就是，将整个几何大厦建立在非常简单的根基之上，可以总结为五个公设和一系列的常见概念，这些都是巧妙地从无数的显著特征中筛选出来的。据说，亚历山大里亚的托勒密大帝问欧几里得，除了阅读《几何原本》以外还有没有学习几何更简单的方法？这位贤者答道：“即便是对国王，也没有通往几何的特殊通道。”

然而，他的作品中还是出现了一些偏差，而这些偏差的起因在于对公理和直觉的区分存在困难。例如，利用“一条直线上的任意一点可将这条直线分为两个部分”这一显然事实可以得出以下一套“愚蠢”的推论（见图1）：

假设 a，b，c，d 为一条直线上的四个点：

b 位于 a 与 c 之间，

c 位于 b 与 d 之间，

那么：

b 位于 a 与 d 之间。

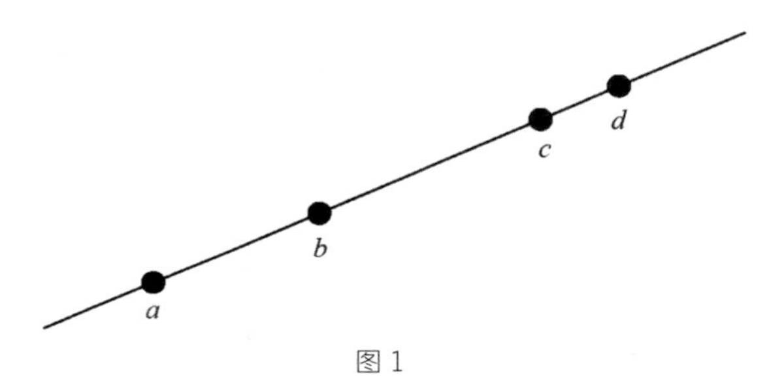

图 1

然而，这一显而易见的特质却不能被欧几里得定理所论证。不过这一类的缺陷在欧几里得定理中并不多见也很容易更正。这些缺陷大都是在欧几里得去世后的两千年，即 19 世纪才被发现的。在许多历史学家看来，欧几里得的著作是如此的坚实又完善，以至于他们对作者的真实存在性产生了怀疑，他们更倾向于将这一作品的完成归功于多位数学家[①]的共同努力。

但在这一理论中，有一则公理在众多其他公理中脱颖

① 借助一点天马行空的想象，我们可以把这些数学家想象为一群自称欧几里得的希腊学者们，就像几十年前，有一群数学家用一位失败的法国将军的名字给自己命名——尼古拉・布尔巴基。

而出：如果一则公理想要借助欧几里得定理的论证，它需要尽可能的编撰大量公理却又不能引用欧几里得定理，也就是说要尽量避开欧几里得。一则与欧几里得无关的公理如是说：

> 通过直线外的一点有且仅有一条直线与该直线平行。

这是流传最为广泛的版本，与欧几里得原版的阐述大为不同，除此之外，它的正确性也是不争的事实，有谁敢怀疑这一公理呢？然而，这一公理并没有像欧几里得第五公设那样威名远扬，由于某些原因，这一不争的事实变成了被怀疑的对象，众多数学家以证明这一公理为目标，希望终结这一问题。

于是就出现了数学家们的各种尝试。有的数学家在很多时候都以为自己找到了解决方案，但实质上他得出的不过是与该公理等价形式的另一种假说（两种相同的说法无论如何都可以互相论证）。与欧几里得第五公设形式等价的公理就有多种版本，我们可以看一看其中的一些，比如公元前1世纪的波西多尼提出的：

两条平行线间的距离相等。

还有16世纪的克拉乌曾提出的：

如果三个点在一条直线的同侧，且这三个点离这条直线的距离相等，那么这三个点在同一条直线上。

或许我们可以公正地说这些等价形式的公理的“可信度”是有差别的。例如，我们可以看看拜占庭数学家普罗克洛提出的公理，他也是第一个对欧几里得评头论足的人：

如果一条直线与两条平行线中的一条平行，那么它也与另一条平行。

这一陈述似乎非常合理，所以当我们得知他与一则并不是那么“基本”的公理是等价时，我们难免会感到惊讶，下面我们看看这条等价公理：

一个三角形的三个内角相加相当于两条直线。

最后，我们不得不提一下高斯在18世纪提出的奇特公理：

存在面积任意大的三角形。

在17世纪，吉罗拉莫·萨凯里构建了一套理论，以此否定了欧几里得第五公设，并且得出了一条“与直线的特性相违背”的线条。不到一个世纪之后，这条与公理相对立的直线开始为众人所知晓，因为这条直线与一些最受尊崇的数学家们提出的直线一模一样，例如德国数学家高斯、匈牙利数学家波尔约和俄国数学家罗巴切夫斯基。也正是这条直线确立了新几何的诞生，现在被称为非欧几里得几何。

传统上被称为“非欧几里得”的几何学是指那些保留了所有除了欧几里得第五公设以外的欧几里得公设的几何学。这一过程并非是立竿见影的，但由于几个世纪以来数学家们都无法找到证明方式，于是他们开始想：如果我们用一则新的公理作为替代会怎么样呢？于是数学家们提出了两则新的公理，这两则公理与欧几里得原本的公设相矛盾，而且很显然，这两条公理之间也是相互矛盾的：

> 通过直线外的一点无法画出任何与该直线平行的直线。
>
> 通过直线外的一点可以画出一条以上与该直线平行的直线。

这两条作为备选的公理都将人们引向了一个奇怪的世界，但这奇怪的世界现在已经被众人所知晓并接受了：尽管它们在一定程度上有悖于人们的直觉，但这两条公理完美地建立在一套公理基础之上，而且其有效性绝不亚于经典几何。然而，在非欧几里得几何中，许多东西都与我们所熟悉的几何不同，像勾股定理这样本应毋庸置疑的公理都被认为是错误的。为了更好地了解这其中的古怪，我们一起来看一看不同的几何学派所呈现出的三角形分别是什么样的。我们先不管细节，只想象一下我们简单地在一个平面上作曲线，曲线的曲率决定了我们所得出的几何图形不尽相同。在这两个三角图形中，我们可以发现它们的三个内角之和都是不等于 180° 的（见图 2）。

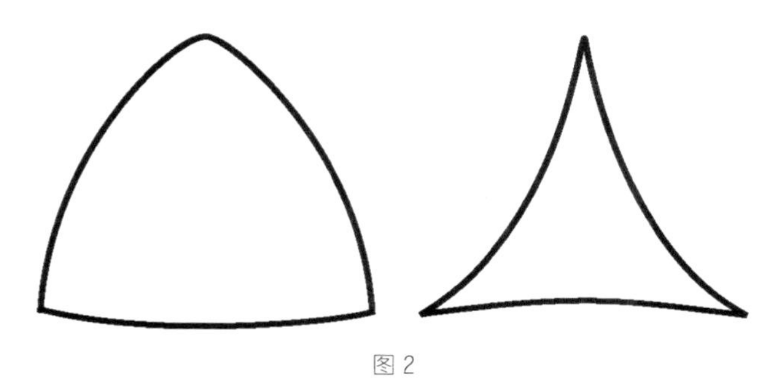

图 2

那么，到底哪一种几何才是主宰宇宙的规律？直到不久前都没有人怀疑唯一已知几何的真实性，像康德这样的颇具影响力的哲学家甚至推断说欧几里得空间是纯粹的先验直觉。正是因为康德影响力巨大，所以高斯一直不敢公开自己在这方面的学术研究，他自嘲这是“醉汉的呼声”[①]。

① 面对各个学派的几何学，高斯曾试图寻求证实哪一种才是真正的几何学。在这方面，他展现出了惊人的活力，他登顶了布罗肯山、霍亨哈根山和因瑟尔山，就为了测量以山峰为顶点所构成的三角形的内角和。登山者的热忱除了为他带来新鲜的空气和美丽的风景之外，并没有给他带来任何学术上的确定信息，但他对知识和真理的渴求还是值得一提的。后来，庞加莱否决了高斯所提出的这一敏感问题，认为这一问题本身就是没有意义的，根本没有可能找到解决方法，因为几何学并没有哪一派更真哪一派更假之说，只能说哪一派更适用于现实世界。顺便一提，后来为著名的相对论提供基础的宇宙几何学正是非欧几里得几何。

毫无疑问，唯一可以确信就是根本不存在“真正”几何。这一发现引发了数学家们对真理认识的震荡：曾经真理只有一个，那便是欧几里得的公理，直到一些智慧卓绝的数学家们否定了这一观点。从此以后，数学从一门追求真理的卓越科学变成了有组织地编织谎言的学科，由此诞生了名句：“逻辑是一门艺术，它的艺术性就在于理直气壮地犯错误。”

也就是说，当我们将一些公理以适宜的方式联系起来后能得到一些正确的新公理，但谁也不能保证它绝对正确，至少目前都无法保证这些公理是绝对正确的。数学的目的并不是阐释宇宙，而是构建不同的宇宙，因此，数学有它特有的目的。这样一来，好像说它像是一门艺术也并不是没有根据的。

数学并不是艺术

我们已经说过了，可以稍微（只能是稍微，不能太多）把数学看作是科学领域以外的东西，而且从创造性的角度来看，我们还得出了它像是一门艺术的结论。但没人在严格意义上将数学当作一门艺术来看待，其实，如果我们再回头看先前提出的构架就会发现，在所有的语言中道理都是相通的，其中包含如下：

术语：某一学科中的专门用语；

定义：术语所包含的意思；

规则：可以是文法的或是结构的；

文本：在适当的规则引导下串联起来的单词。

然而，尽管“文本”（或者我们也可以理解为语言的造物）这一概念与“公理”很相似，很显然在数学中术语用得并不多。虽然术语在解释一些东西的时候非常必要，但没有什么比建立好的标准更重要。德国数学家希尔伯特就曾强调过这一点：

除了诸如“点”“直线”和“平面”这类的词语，在几何中谈论“桌子”“椅子”和“啤酒杯”也不应该有任何的不便。

若将一则西班牙语的公理翻译成德语、法语、符号语言或随便什么语言，西班牙语中的美还是不会被磨灭。但诗歌就不是这样，翻译之后原语言中的美感也会被改变，更不用说如果我们把诸如绘画、雕塑或是交响乐这些艺术"翻译"成别的语言会怎么样[①]。

费尔南多·佩索阿

正如一首诗中所说，"我很荣幸能让一个名字为人所知"[②]，这里指的正是美妙的葡萄牙诗人——费尔南多·佩

---

① 在门类繁多的艺术中，或许音乐值得我用一个段落来专门提一下，因为，一直以来音乐都直接与数学联系在一起。毕达哥拉斯能成为最伟大的音乐理论家之一也并不是巧合。而且，早在古希腊时期就确立一套数学的评级系统，一直到文艺复兴时期还行之有效，这就是著名的四术：算数、几何、音乐和天文。17世纪末，伟大的德国哲学家兼数学家卡特弗里德·莱布尼茨写道："音乐是一道隐秘的算数题，把玩它的人并不知自己还精通数字。"
不久后，另外一名重要的音乐理论家、作曲家让·菲利普·拉莫却又想要推翻这套说辞，他说道："并不是说音乐是科学的一部分，恰恰相反，而是科学存在于音乐之中，基于发声体的频率不同，不同的共振形成了各种音阶。"这番话成了很多评论家攻击的对象，可能是因为从表面上看（或表面上"听"）很难理解六种分解中包含了许多可能性，虽然有不少数学定理，如泰勒斯定理，都肯定了这一说法并且在音乐学上成功运用。可以严格地说，不止一个数学家证实了数学与音乐之间有着深层的关系。

② 这首诗（在后文中我们会读到）讲的是让一个"名字"为人所知，但在法语中说是"数字"更为贴切。

索阿，这位诗人同时也是好几位不同的诗人。有的诗歌里面留下的是他真正的署名，而有的诗里面，署下的则是诸如阿尔瓦罗·德·冈波斯、里卡尔多·雷耶斯、阿尔伯特·卡埃罗等名字。但这些并不是他的笔名，佩索阿称它们为“别名”[1]，并且十分肯定地认为这些名字属于不同的人。这种情况着实比较罕见，更多的时候我们看到的是恰好相反的情形：多个人以同一个名字出现，例如数学家布尔巴基（我们之前讲到过，布尔巴基其实是一群用同一个署名的数学家），又如阿根廷作家布斯托斯·多梅克，其实是作家豪尔赫·路易斯·博尔赫斯和阿道夫·比奥伊·卡萨雷斯的联合署名。然而，佩索阿所构建的体系有些二元性的特征，因为它所涉及的不是一个，而是多个作者。都有他独具一格的风格，甚至每一个作者还有不同的经历与传记。例如，阿尔伯特·卡埃罗于1889年生于里斯本，几乎终身没有迈出过他所在的村庄，1915年死于结核病，而身为医生的里卡尔多·雷耶斯、海洋工程师阿尔瓦罗·德·冈波斯和佩索阿本人都是卡埃罗的弟子。佩索阿需要将所有的“别名”作者组合起来，这促成了佩索阿更大的构想的实现：每一

---

① 也称“异名”，佩索阿笔下的“异名者”存在不同个性，也被认为是其多重性格的反映。——编辑注

个“别名”作者的个性都应该与原作者的个性不同；每一种个性都能成就一种戏剧，而所有的个性相交织又能成就另一种戏剧；这最终的戏剧是以人而不是以表演为基础。

佩索阿将他的作品和私人信件一起保存在一个衣箱内，意大利作家安东尼奥·塔布其将它称为“挤满人的衣箱”。关于佩索阿的研究不胜枚举，其中有许多研究不谋而合地指向了一封佩索阿写给一位评论家的书信中的片段，信中佩索阿解释了他的“别名”的由来：

> 我先从精神层面开始分析。我的“别名”的起源即是在我个性深处的歇斯底里的病症。我不知道我就是一个单纯的癔症患者，还是说我只是习惯性地这样歇斯底里。虽然我更倾向于相信后者，因为在我身上时常有意志缺失的情况的发生，而癔症患者是不能理解自己的病症的。不管怎么样，我的“别名”的精神起源就是在我不断地趋向人格解体和心理模拟的趋势中诞生的。

他这种“趋向人格解体的趋势”在一首以佩索阿署名的名诗中呈现无遗，这首诗为他的所有作品奠定了框架，诗的开头就说道："诗人是伪装者。"然而，当"别名"作者们开始染指"他们"的罗曼史时，伪装出现了未曾预料的色彩，特别是阿尔瓦罗·德·冈波斯。人们唯一知道的佩索阿的情人奥菲丽娅如此说道：

> 费尔南多有些迷糊，特别是在"扮演"阿尔瓦罗·德·冈波斯的时候，那时候他对我说过："今天来这里的人不是我，而是我的朋友阿尔瓦罗·德·冈波斯……"表现得和平时完全不一样，丧失理智、胡言乱语。一天，他走到我的身边对我说："我遇见一件麻烦事，该怎样把费尔南多·佩索阿这张卑鄙的脸埋进水桶里。"我回答他道："我讨厌阿尔瓦罗·德·冈波斯，我只爱费尔南多·佩索阿。""我就搞不懂为什么了，"他答道，"你看他多喜欢你啊。"

说实话，工程师对这段罗曼史并不满意，于是佩索阿像奥菲丽娅提议了一次没有阿尔瓦罗·德·冈波斯的约会。但最终还是阿尔瓦罗·德·冈波斯战胜了佩索阿，不久后，这对情人便结束了关系。

为了不过度地偏离我们的主题，现在我们就不聊佩索阿本人了，而是合时宜地来谈一谈他的诗歌。与此同时，我们会渐渐地得出我们的结论，毫不夸张地说，数学，是一个伪装者。

数学即是重言式

我们已经说过了，定理即是合理组合运用公理和规则后所产生的命题。实际上，它更应该被看作是一种观念立场，对它的极端理解即是伯特兰·罗素定义的逻辑主义，逻辑主义者几乎将逻辑与数学视为同物。在后面的内容中我们会讨论这个话题，现在我们仅仅停留在罗素的一句名言上："数学不过是烦冗的重言式。"

什么是重言式？这个词语惯常的用法让我们联想到的是众人皆知的常识、显而易见的道理，更精确一点可以说，不管其组成部分真实与否，都始终无法辩驳其真实性的声明。在继续这个话题之前我们先来看一个经典的例子：

下雨或者不下雨。

不管是倾盆大雨还是阳光灿烂，这个句子都是真实的，这就是排中律，在逻辑学中被表达为：

$$P \vee \neg P$$

读作：

*P*或非 *P*

于是这里就出现了重言式：我们可以用任何命题来指代 *p*，不管是真命题还是假命题，都不会影响“*P*或非 *P*”的真实性。还有许多像这样十分“显然”的声明，例如同一律：

$$P \Rightarrow P \text{（}P\text{即是}P\text{）}$$

或者双重否定：

$$\neg(\neg P)=P \text{（非非}P\text{等同于}P\text{）}$$

关于排中律，我们能在刘易斯·卡罗尔的《爱丽丝镜中奇遇记》[①] 中的一段对话中看到一个很好的例子。我们在

① 《爱丽丝漫游奇境纪》姐妹篇。——编辑注

前言中就提到过，该书作者是一名数学家，他的数学家身份在很大程度上影响了这段爱丽丝和白骑士之间的对话的语调：

“请允许我为你唱一曲吧。”白骑士语调焦虑而热切。

“会很长吗？”爱丽丝问道，她已经度过了诗意却疲倦的一天。

“是的，很长，”白骑士答道，“但非常、非常的优美。所有听过我唱歌的人，要么被感动得落泪，要么……”

“要么怎么样？”爱丽丝问道，她好奇白骑士怎么突然不说话了。

“要么不被感动。”

由此我们可以看出重言式能在语言上产生不同的效果。在逻辑学里，所有的事实都是重言式。所以，如果罗素认为逻辑学和数学并无差别的话，就不难理解他说过的话了。虽然罗素的很多言语都揭示了数学的弱点，但他并不是数学的反对者。为了证明这一点，我们可以再看看他的另一则颇有名气的语录："数学是一门你永远不知道它会涉及什么的科学，也永远无法知道它所说的到底是真是假。"

不得不说，这句话中除了"科学"二字，其他都是我们一直在阐述的观点。总的来说，数学的境地没有比考古学好到哪里去，考古学家玛丽·利基对于自己的工作就做出过如下评价："在这门科学中，我们永远都不知道我们在找寻什么，更不知道我们能找到什么。"

如果我们从历史的角度来学习逻辑（这样往往都不是很合逻辑），我们就不能忽略亚里士多德的论断，特别是他的三段论。比如，这世上所有的人都会死，所以苏格拉底也会死，如此明显的事实完全不能增长我们的知识。这就是任何逻辑系统都必须承受的抨击。

但是，我们并不用太在意这些抨击。因为没有什么论断能够给我们增长新的知识，因为一旦奠定了基础，所有从基础上发展而来的理论都是重言式。

有的作者甚至大胆地说，所有创作都是这样的，毫不夸张，不管是诗歌、美术还是音乐。甚至我们可以将目光再放远一点，一起来看一看这最"烦冗"的重言式，它不仅引发了大量的评论，还引来了热议。我们要说的是圣经故事里火烧荆棘的情节，当摩西问神叫什么名字时，神要留个心眼儿了，他的子民在问他，人们应该追随谁的名字，他该怎么回答呢？于是伟大的神，带有些白骑士的风格，给了一个发人深省的答案：我就是我。

接下来我们来看一看佩索阿的作品节选：

有时候，梦是悲伤的
在我的愿望中存在着
一个遥远的国度
那里的幸福
就仅仅是幸福

这并没有错，因为幸福就是幸福……罗素肯定能告诉我们佩索阿所说的国度是怎样一个地方。

很显然，就像刘易斯·卡罗尔的文学作品所展现那样，数学不仅仅是简单的重言式，虽然严格意义上来讲，勾股定理也是欧几里得定理的重言式的推导结果。不管怎么说，如果我们想要凭借欧几里得为我们提供的那些仅有的基本元素来验证定理，确实还需要相当多的努力。

但是，确实存在着不同的角度来看待（或者说感知）公理的正确性。例如，通过下列3个几何图形我们可以看到，几何图形1中的两个阴影部分的正方形之和与几何图形3中的阴影部分正方形相同，几何图形1中的两个正方形的边长分别为图中三角形的两条直角边，而几何图形3中的正方形的边长为三角形的斜边。要验证上述结论，只需要依次变换图中三角形1、2、3的位置（见图3）。

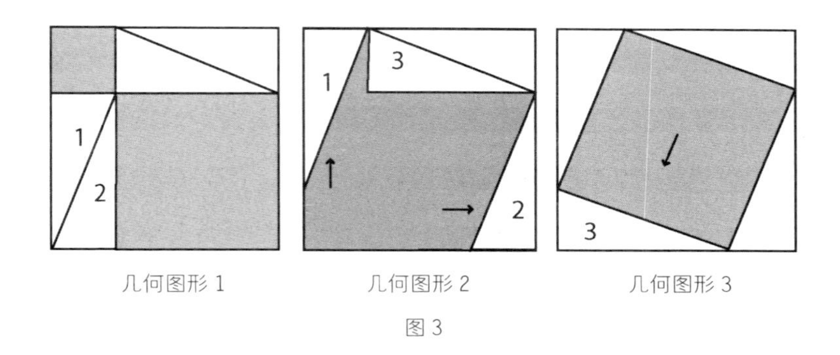

几何图形1　几何图形2　几何图形3

图3

数学中存在着各式各样的定理，验证它们的大多数方法也都令人震惊，但这些验证法并不广为流传，所以有的时候用重言式一步一步地验证反而显得更加必要。这也正是数学真正的精髓。换句话说，我们不能说几何的内容就是几个定义、公理和命题而已，这些基本材料并不足以完成整套验证。

同样的道理，我们也不能说音乐就是根据乐谱将不同的声音组合在一起，全世界的人都知道音乐不是这么简单。

一个音乐作品的形成过程就如同一次逻辑验证的过程，每一个步骤都紧跟着前一个步骤，且其中暗含着逻辑。美国作家 D. 霍夫斯塔在荷兰画家 M.C. 埃舍尔的作品《释放》中发现了这一观点的有效例证。在埃舍尔的系列作品《变形记》中，我们可以看到一些三角形的几何设计，这一几何形态一点一点地蜕变，最后蜕变成一只飞鸟。霍夫斯塔认为，这表明从一个坚实的根基（比如一众公理）中可以释放出多样的产物。画作中的“飞鸟”或许就是勾股定理。

既然我们已经聊到了画作，那么就让我们来勾勒一下正式系统的肖像。我们已经说过了在系统中存在它的术语和规则，例如我们可以想一想象棋，术语指的是象棋中的棋子，规则指的是人们如何在棋盘上置放以及移动这些棋子。根据这个比喻，棋局中的每一个位置都有了“公理”的意义，因为每一次落下棋子都结合了从初始位置到现在的每一步规则。数学也是一样，这点很容易证明，因为只要回过头去看每一步论证就知道是如何得出想要推演的结论的。然而，不是每一颗棋子的布局都意味着一次精心的推演，即便……怎么才能知道呢？在这里，从头回顾每一步落棋似乎并不足以帮助我们找到答案，因为棋子没有落在预想的位置并不意味着没有这种可能性，这也可能是落棋的顺序不当造成的。要想“驳倒”一局棋，还有别的方法，我们可以叫它“归谬法”，即从既定的位置出发，按照设想好的步骤逐步落棋，直到与象棋规则相违背，也就是说，棋子所在的位置已经违背象棋的“公理”。

虽然这种方法并不总是可行的，但仍有一种方法在各种情况下都可以达到目的，这种方法需要依靠一些“原则”来实行。比如有一件事很容易让人信服，那就是一个棋盘上有两个白色的象在两个同色的方格里并不是“定理”①。除了实际问题，这种情况也给我们提出了一个普遍问题，那就是有没有一种方法能让我们在任何语言条件下验证一则论述是否是定理？待会儿我们将讨论这个问题。

在正式系统之中还隐藏着另一个非常重要的概念：同构的概念。广义上讲，当两个物体结构相同时，我们可以称它们为同构。而在数学、科学理论和语言中，当奠定它们的正式系统等价时，我们可以说它们是同构的，这就如同同一论述的多种阐释方法。

---

① 为了简单起见，我们就排除兵升变后棋盘上出现多个象的可能（尽管规则提供了这种可能性）。我们也可以想一些新招式，比如试着将棋局倒着往前走，这样“归谬法”的机制就不管用了，特别是在棋盘上的棋子不完整的时候。

因此，推理之间也存在逻辑同构。

4 的倍数均为双数。

某些 3 的倍数也是 4 的倍数。

因此，某些 3 的倍数为双数。

我们再看由刘易斯·卡罗尔提出的：

所有的猫都懂法语，

有的小鸡是猫，

有的小鸡懂法语。

不同的法则体系是相互交织的，有其共同逻辑。数学法则与律法法则、圣经法则、科学法则、哲学法则和艺术法则均有关联。但现在，贯穿本书的逻辑法则表明，第一章到此结束了。

第二章

诗人是伪装者

诗人是伪装者

伪装得如此彻底

以至于将切身之痛

伪装成疼痛

——［葡萄牙］费尔南多·佩索阿

在上一章节我们提到过葡萄牙诗人费尔南多·佩索阿。读者们应该还记得这位作者同时有好几个诗人的身份，我们还给他的多重身份赋予了一些数学意义。本质上来讲，我们说数学家其实是伪装者，在这一论点的基础上，我们来继续聊一聊虚构。之前我们也提到过伯特兰·罗素，他说数学是一门我们永远都不知道在说什么的科学，也不会知道它所说的到底是不是真的，这就是我们所感兴趣的虚构的概念。我们对它感兴趣可不仅仅源自叙事的乐趣，因此我们要从一个公主的故事开始讲起，从某种意义上讲，这个故事就是本书的主心骨，所以我们还会讲许多不同的故事。

如果说到虚构创造的真实存在性，我们可以回到关于独角兽的经典讨论。我们每个人都知道什么是独角兽，甚至可以描述出它的形态，或是想象它生活在温带的森林里或草原上。如果我们再努力一点，甚至还能给出更多的细节，描绘它是怎样生活的，吃的是哪一种草，或是别的什么东西。然而，当我们回想起关于独角兽的传说时，就知道它只是虚构的产物，这种动物并不生活在地球上的任何一个角落。但这足以说明它不存在吗？你们不知道很多文学作品（包括神话和其他故事）的主角都是这一并不存在的生物吗？不管怎么样，我们最好是说独角兽在某个特定的世界并不存在。

同样，在自然数（仅指正整数）的世界里，是无法想象一个正整数加上 5 所得之和为 3 的，如果是，这便成了虚构，同样也无法想象一个有理数[1]的平方为 2。但事实上，2 的平方根这样的数字是确实存在的，根据我们现代的十进制计数方法，我们可以将它写成如下形式：

$$1.414213562373\cdots$$

然而，这个数的小数点后的数字是非循环的，也就是

① 整数和分数的统称。——编辑注

说不能将它视为有理数。于是在有理数的世界，2 的平方根就成了虚构。同样的逻辑，由于所有的数在平方后都得到一个正数，我们便可以说下文这个方程式无解：

$$x^2+1=0$$

但是，在特定的条件下，我们能够找到一个解（事实上是两个），数学家们给这个解起了一个美妙的名字——假象数。还能给这个“不存在”的 –1 的平方根起一个更好的名字吗？[①]

在我们将要讲述的一系列故事中，有一则短小的故事就揭示了罗素所言。故事讲的是两个搭乘热气球旅行的人，当一阵大风使他们的热气球失去了航向之后，他们迷了路，来到一个陌生的地方，这时他们见到下方有一个人，于是问道：

---

① 意大利数学家卡尔达诺对负整数的命名也十分有趣，他称它们为“虚数”，这明确地表明了负整数在某种意义上是虚构的。莱布尼茨对自己所称的“特数”也持有相似的态度，他希望能通过这些特数将哲学理念概括在数学计算之中。以至于在面对这些特数是否真的存在的问题时，他毫不犹豫地说：“我会假装这些美妙的特数是神给予我们的。”

“嘿！我们在哪儿？”

“在一个热气球上！”地面上的人回答。

于是热气球上的一个人对他的同伴说：“看见了吗，这个人肯定是个数学家。他告诉我们的确实是事实，但对我们一点用都没有。”

基于我们关于虚构的讨论，数学所言是否是事实也有待讨论了。但这里我们要强调的是另一个说法——“一点用都没有”，这一说法不得不让我们又想起关于数学只是重言式的论述，并没有新知识的产生。

虽然我们常常在艺术中寻找美，但我们还是谈论到了数学之美。在这方面，数学家弗朗索瓦·勒·里昂纳的想法非常值得一提，在他的论作《数学思想的伟大潮流》中说道：“没有人认为数学是一件艺术品，因此我们只能将数学艺术看作是美学。”

他在论作中没有试图建立起这一美学，只是试图勾勒出它的轮廓。当然，要正式地讨论美学或美是十分困难的，因为对它的定义本身就是一个难题，甚至在我们通用的语言中，不同的艺术家就能给出不同的定义。20 世纪最重要的建筑家之一勒·柯布西耶曾经如此定义过美：形成服务的功能。但这一概念也可以被用在呼吸畅快却毫无美感的鼻子上。

在勒·柯布西耶的论作中，他提出将以两大标签来定义数学之美，即经典与浪漫。我们每个人对于这两个术语在艺术领域都有一定的认知。经典指的是完美、优雅、既定的形式，大家都领略过古典时期的音乐，那是一切都精密配合的音乐作品。然而浪漫所代表的多为混乱、即兴或不可企及。这里可以借用诗人波德莱尔的一句话："所有的不规则，也就是说一切的意想不到、心血来潮，不管是惊喜还是混乱，都是构成美的必要特征之一。"

勒·里昂纳在描述这两大标签的时候引用了以下段落：

经典

我为数学家与艺术之间的距离感到惊叹不已，数学家们逐渐摒弃一切无用的词汇，最后达成对一个绝对概念的表达，用尽可能少的术语，又竭力使这些术语保持精简、平行、对称，好似将优雅与美化成了一个永恒的理念。

——［法］埃德加·基内

浪漫

当我将我们这一时代的数学与以往的数学作比较时，最让我们感到惊叹的是这一学科中非凡的多样性、即兴寻找到的捷径、进退中出现的混乱，以及演算中连续不断的变化。

——［法］皮埃尔·布特鲁

除此之外，作者还分别列出了两种欣赏数学之美的方法，一种是从事实中欣赏，另一种是从方法中欣赏。

数学事实中的经典之美

勒·里昂纳还说：

一个数学命题的美是经典之美，不管是它的分析能力或是整合多样元素的能力，还是将这两种能力和谐运用的能力，这些都不失经典之美。

总的来说，我们可以认为“秩序”这一理念主导数学。自远古以来，数学家们就热衷于从初始的混乱局面中寻找到一个有序、连贯的模式。从某种意义上来讲，数学家们的工作就是“在黑暗中寻找光明”，即数学是为了寻求秩序而诞生。生活中流传着这样一则逸事，当爱因斯坦还是个孩子的时候，他比其他的正常孩子更晚开口说话。他的父母十分担心，不知道能做什么，直到有一天晚餐的时候，小爱因斯坦说道：“这个汤太烫了！”

自然，父母应该为孩子拥有了正常的语言能力感到十分开心，但这对父母做的第一件事情是质问小爱因斯坦怎么到现在才开口说话，小爱因斯坦答道：“在这之前一切处在秩序之中。”

撇开那些逸事不说，数学公理中的重言式也确实激动人心，如同魔法般能够给杂乱无章赋予秩序。一个公理的论证能使得一个命题变完整，从而打消一切疑虑，就如同我们在最开始讲的那个公主的故事。勒·里昂纳给出了一些数学事实中的美的例证（见下文和图4）。

> ……在任意一个三角形中，三边的中点、三高的垂足，以及连接三角形各顶点与垂心所得三线段的中点，九点共圆，这个圆叫作九点圆，也叫欧拉圆。如此一来，九个以不同方式定义的点最后落在了一个相

同的圆上，就好像是同一台歌舞剧中的演员。

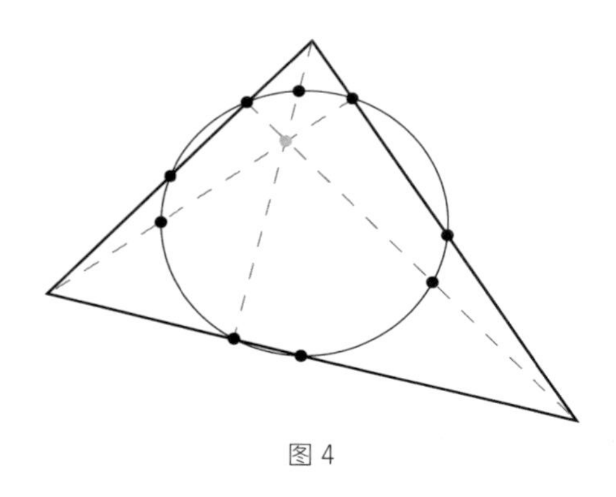

图 4

我们再看看摆线（见图 5），摆线被称作是几何学中的海伦[①]。摆线的定义十分简单，即平面上的一个圆沿一条直线作无滑动的滚动，圆上一点的轨迹。如果我们非要说曲线的话，那就只能认为摆线在海伦面前还是有点失色了（我敢肯定帕里斯在如此“美人”面前定会起歹心）：

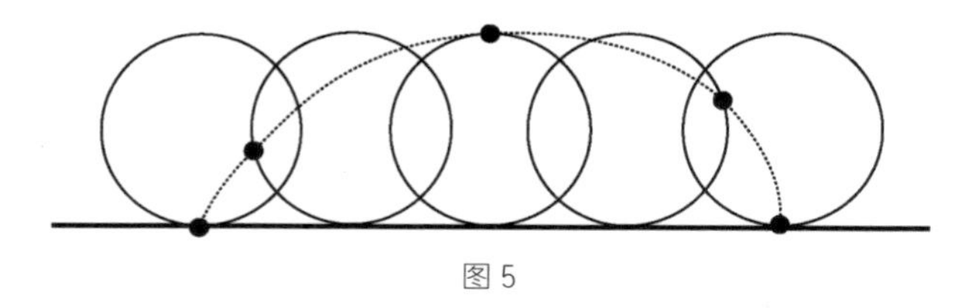

图 5

① 海伦是希腊神话中的美女，后来被特洛伊王子帕里斯拐走，引起了特洛伊战争。——译者注

然而，让摆线名声大噪的是它的其他特性。我们首先从它的“镇痛性”说起，据说帕斯卡研究它就是为了转移自己的注意力，让自己从剧烈的牙疼中解放出来，几个小时后，让他的牙医吃惊的事情果然发生了，帕斯卡的牙疼消失了。但发现摆线真正闻名于世的数学特性，则要归功于克里斯蒂安・惠更斯的完善：摆钟。其实，这位荷兰科学家早在1657年就制成第一个摆钟，但他一直对自己的发明不甚满意，因为他发现钟摆完成一个周期摆动所需的时间受摆动幅度的影响，这就导致了摆钟的一些不规则走动，这在荷兰是不可容忍的。于是惠更斯花了几年的时间来设计“完美的钟摆”，经过一系列的计算，终于证明出了他一直在寻找的“等时同步线”，在这条线上运动的钟摆时间不受幅度的影响。这条线不是别的，正是摆线。于是惠更斯做出了一台摆钟，这台摆钟的钟摆就在这条著名的曲线上摆动。最后我们还要提一下最速降线问题，这个问题在17世纪被五位知名数学家解决。莱布尼茨、牛顿、洛必达以及约翰第一・伯努利和雅各布第一・伯努利两兄弟一行人在同一垂直平面上给出两个点 A 和 B，在重力作用下，探寻若要从 A 点下滑到 B 点，以何种线条为滑动轨迹速度最快。这个问题的解答正是那条使得牙医和制表工匠都大为惊奇的曲线，虽然它的名号当时还不为人所知。

如果秉着满腔的热情我还能举出不计其数的像摆线这样的例子，但是也该适可而止了，因为是时候来看看另一种美的呈现了。

数学事实中的浪漫之美

对于勒·里昂纳来说，浪漫之美是建立在“对激烈情绪的崇拜，不因循守旧、奢靡铺张”之上的。支持这种说法的便是渐近线的概念。我们以方程式 $y=1/x$ 为例，当变量 x 的值越来越大时，y 值越来越小（见图 6）：

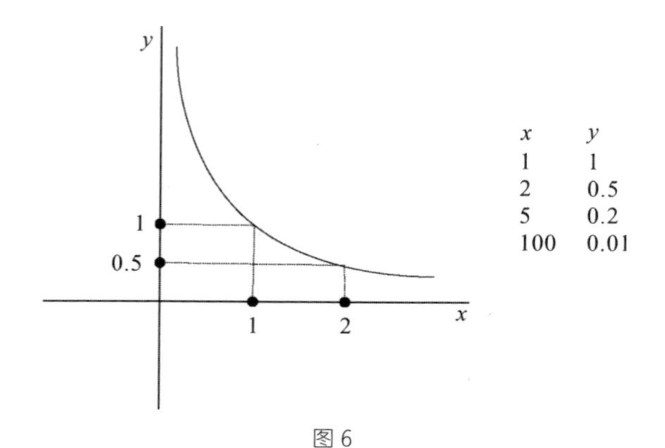

图 6

在这种情况下，我们便说横轴是这条曲线的“渐近线”。这是数学课堂上一个很常见的概念。但在很久以前，这对人们来说有些神秘，蒙田的一句话就说明了这一点：“雅克・佩莱蒂耶曾告诉我他发现了两条彼此相互靠近的线，但他又证明了这两条线永远都不可能相互触碰到。”

勒・里昂纳列出了一张关于数学事实与结果的清单，这张清单上的图像和曲线都被他评价为“拥有异于常物的外观”，这也验证了画家德拉克洛瓦的一句名言：“有的线条是魔鬼。”“魔鬼”一词再合适不过，特别是在想到所谓的“畸形学”时（“畸形”一词正是“魔鬼”的意思），这些图像和曲线中，有一条曲线让法国人埃尔米特惊呼：“我要带着恐惧远离这不幸的瘟疫！”

想要更好地理解这种恐惧，可以去了解连续函数[①]。直观地讲，连续函数是一条没有断裂的连续曲线。为了定义切线，最直接的方式就是呈现下图（见图 7）：

① 连续函数，指自变量连续变动时函数值也连续变动的函数。——编辑注

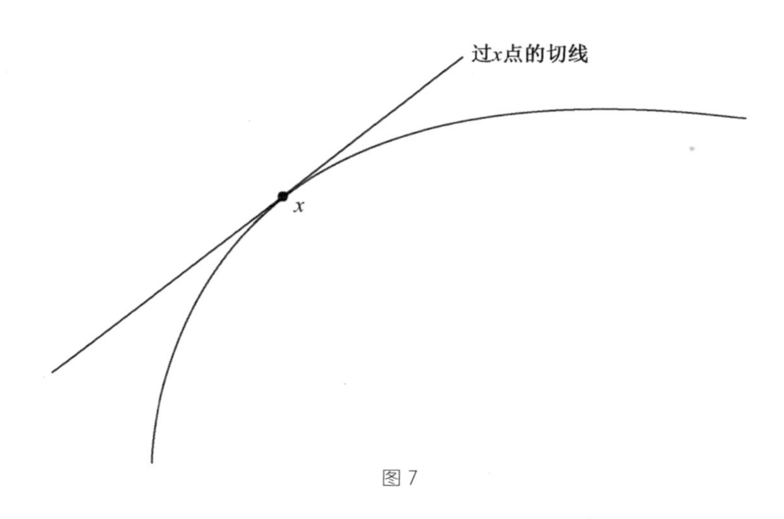

图 7

有的曲线即便它是连续的，也可能在某些点上画不出切线，这就是奇点[1]。例如下面这条曲线中（见图 8），除了 x 点外，其他任意一点都能画出它的切线。

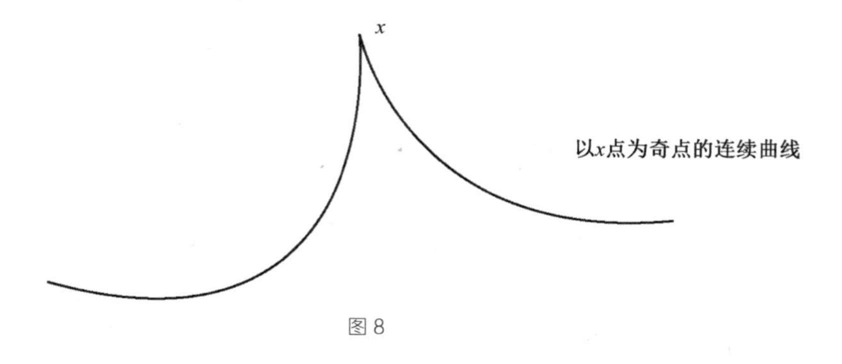

图 8

① 几何中，曲线上没有切线的点，曲面上没有切面的点称为奇点。——编辑注

这样，我们就能想象出连续函数曲线上有多个，甚至无限个奇点（见图 9）。

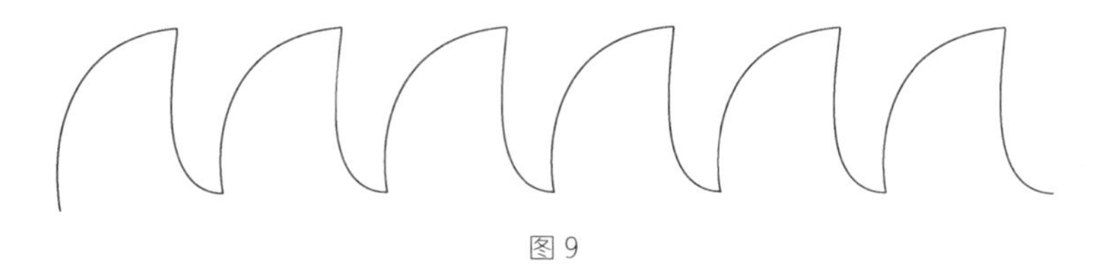

图 9

让埃尔米特惊恐失色的“瘟疫”着实远远地超越了我们的直觉范围，因为一条连续函数曲线可能在每一个点上都存在一个奇点。这是一条数学上被完美定义却无法描绘出的曲线。但我们可以通过分形理论来对它有一个大体的了解，同时，分形理论本身就是一个制造“魔鬼”的源头。这其中最著名的大概就是“雪花形”，雪花形的构建分步骤完成，一切从一个无辜的三角形开始。接着，将它的三条边分别分成 3 个等分，然后在 3 个等分的基础上构建一个新的三角形（见图 10）。

图 10

如此依次下去，每一个步骤完成后都能得到一个新的多边形。据计算，这个新多边形的周长为前一个多边形周长的4/3。可以证明，这一过程使多边形的边逐渐趋向于一条有限的曲线，它的长度是无限的，但它所包围的面积又是有限的（见图11）。

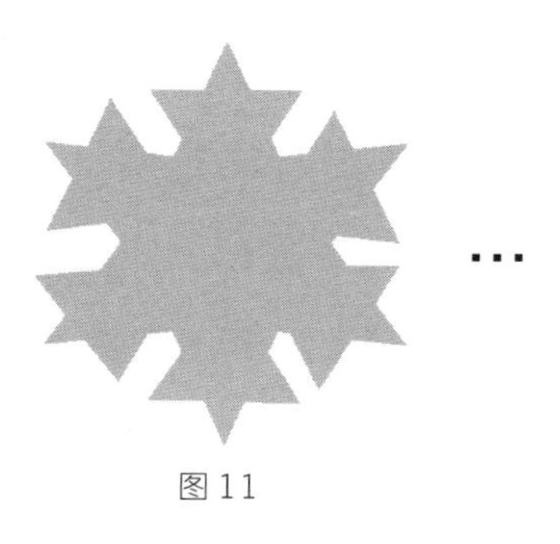

图11

你能想象这样的事情吗？就好像我们能够拿出一条无限长且闭合的丝线，将它平整地在一张有限的桌子上铺开，又能使得丝线自己不相互交错。当然，“雪花形”的边是一种非常不规则的曲线，但其中蕴含着非常值得我们注意的一则规律，即尺度不变性。这意味着如果我们用适度的放大镜来观察一条曲线，所观察到的结果仍是同样的曲线。

浪漫主义可概括为：“行动先于知识。”或许我们更应该将有些分形①看作是数学模型的“行动”，虽然这样做并不浪漫主义。事实上，为了了解金融市场中的活动，人们会借用布朗运动的原理来理解价格变动。布朗运动描述的是粒子在流体中的运动。概括地说，假定一个粒子向任何一个方向运动的概率都是相同的，如此一来，我们就可以用这一规律来描述那些毫无规律的金融市场中跌宕起伏的价格变动，可用以下方式表达（见图 12）。

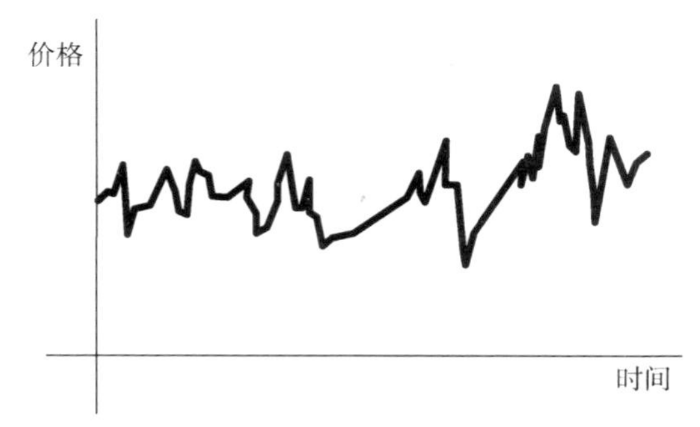

图 12

从这些例子中我们能够看出，经典主义的推崇者聊以慰藉的秩序在一场大混乱中消失了。在恢宏的勾股定理被证明以后，从这一定理中又推演出了一个新的存在，即（可怕的）无理数。希腊人实在无法想象一个数若不

① 分形，指某些被传统的欧几里得几何学排除在外的不规则几何形状。——编辑注

是两个整数之比会是怎样的存在，而勾股定理被希腊人冠以无上的荣耀，这一新定理的发现甚至撼动了他们的世界观。

据说毕达哥拉斯学派的人们在证明了勾股定理之后欣喜若狂，并向他们的诸神献祭。但它的应用再简单不过了，我们可以这样构想：若要计算边长为 1 的正方形的对角线长度，那么显然我们能推算出这条对角线的长度的平方为 2（见图 13）。

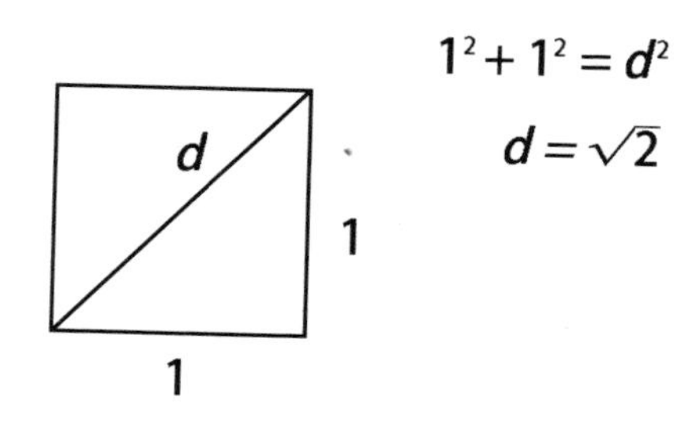

图 13

也正是毕达哥拉斯学派的人证明了 2 的平方根不是一个有理数，这一结论与毕达哥拉斯学派的哲学理念水火不容。这一论证被他们当作耻辱，于是他们决定隐瞒众人，这就导致了希腊人无法理解神秘诡异的无理数，直到几个世纪以后无理数才在数学界博得一席之地。关于这段历史，存在着种种传说，基本上都在描述当时为了隐瞒这一事实所花费的激烈手段。其中有传言说，这一残酷现实的发现者梅塔蓬顿的希帕索斯被人丢进海中，虽然传言的真实性并不可靠，但通过这一则逸事我们可以肯定，毕达哥拉斯学派的人确实被所发生的事情吓乱了阵脚。

如果要论最令人困惑的问题，那就要属“无限”这个话题了，希尔伯特谈论过这个问题：没有任何一个问题像“无限”这样搅扰过人类的头脑。待会儿我们会说到康托尔，他的余生就是在这番搅扰与不安中度过的，而现在，我们要参考一下“序列”的概念，这个概念在构成芝诺的几大著名悖论（希腊语中称“难题”）时可是大有用处。

芝诺是一位大思想家，来自埃利亚岛，是巴门尼德的弟子，芝诺和他的老师一样，认为运动是不可分的。但芝诺的论据更为尖锐，例如他的“两分法”：

> 如果一个人或物体要完成在某一特定轨迹上的运动，在完成之前一定要先完成运动轨迹的一半，而在完成这一半之前一定要先完成这一半的一半，也就是整个运动轨迹的四分之一。然而，在整个运动开始之前……

很容易猜到后面的内容，即每一段运动轨迹都被分成两等分，如此无限循环。因此，运动是不可分的，所以，如果要使运动开始，就必须解决初始段的“无限”问题。博尔赫斯认为芝诺其实是卡夫卡的先导，博尔赫斯也提到过中国的惠子，惠子曾说过“一尺之锤，日取其半，万世不竭”。这些人尽皆知的论述都可以用一串实在的序列数字来表达。可能对于有的还不太习惯序列的人来说，下面这个式子还有些不可思议：

$$1/2 + 1/4 + 1/8 + 1/16 + \cdots = 1$$

如果芝诺想要考我们的脑筋，大可以问我们“一串无限的数字之和怎么可能是一个既定的有限数”，然而，等号前面部分蕴含着数学分析中十分精妙的深意。我们必须要注意到，这其实并不是相加，而是所谓的“极限”，想要弄懂这其中的奥妙，我们可以先求一个序列前 n 项的和，这被称为“部分求和”：

$$1/2$$
$$1/2 + 1/4$$
$$1/2 + 1/4 + 1/8$$
$$\cdots$$

如果我们依次计算结果，就会发现所得的值在逐渐接近一个既定值（极限）——1。好了，这个看似简单的无限绵延的式子却是一个实实在在的等式，或者说，一个序列等式。虽然要简单精确地定义它并不容易，但极限的概念在数学中是完美、严谨的存在。为了帮助我们在直观上理解这个式子的正确性，现在让我们来看看下文的论证。其实，我们接下来的演算很容易被论证，首先我们要知道一个序列数的和为 S，也就是说：

$$1/2 + 1/4 + 1/8 + 1/16 + \cdots = S$$

现在我们将等式两边同时乘 2，就得到：

$$2 \times (1/2 + 1/4 + 1/8 + 1/16 + \cdots) = 2S$$

如果我们将等式的左边拆开，便得到：

$$1 + 1/2 + 1/4 + 1/8 + \cdots = 2S$$

也就是说：

$$1+S=2S,$$

因此：

$$S=1。$$

完成如此成功的计算后，有人可能会想：这不过是普通的加法嘛！正是为了证明序列数的相加与常用的加法不同，我想让大家了解一个它的特性，这个特性在勒·里昂纳和我看来都认为是极其诡谲的。我们要通过一个特例来了解它，就是所谓的“交错调和级数”：

$$1 - 1/2 + 1/3 - 1/4 + 1/5 - 1/6 + 1/7 - 1/8 + 1/9 - 1/10 + \cdots$$

在这里，如果读者们有耐心将每一项逐一相加的话，也可以证明这个式子的结果无限接近既定值 L，但更准确的表达如下：

$$L = 1 - 1/2 + 1/3 - 1/4 + 1/5 - 1/6 + 1/7 - 1/8 + 1/9 - 1/10 + \cdots = 0{,}6931471805599\cdots$$

现在，各位观众，意想不到的事情要发生了。我们先用如下的方式重新整理各项，即在每一个分母为单数的分数后边，连续排写两个分母为双数的分数。显然，我们在重新排序的时候应该保证每一项的符号不变，如单数分母分数前是加号，双数分母分数前是减号：

$$1 - 1/2 - 1/4 + 1/3 - 1/6 - 1/8 + 1/5 - 1/10 - 1/12\cdots$$

这样一来，每一项依然和原来一样，只是改变了排列的顺序。虽说单数分母的分数排列间距比原先大了一些，但我们一个一个地排列，便不会漏掉任何一项。好了，新的“求和”式可以写成这样：

$$\underbrace{1-1/2}_{1/2}-1/4+\underbrace{1/3-1/6}_{1/6}-1/8+\underbrace{1/5-1/10}_{1/10}-1/12+\cdots$$

也就是说：

$$1/2-1/4+1/6-1/8+1/10-1/12+\cdots$$

提取“共同因素”，得到：

$$1/2\times(1-1/2+1/3-1/4+1/5-1/6+\cdots)=1/2\times L$$

换句话说，通过重新排列各项我们得到了这样一个结果：L 的值变成了原来的二分之一。

如此一来，当我们求和的对象是一个序列的时候，无辜的交换律就不再正确了。如果我们再重复一次刚才的论证过程，又会得到一个新的，即值为原 L 的值二分之一的二分之一的结果，这样不断重复下去，便会得到不计其数的不同结果。可真正的情形比这还要令人困惑：经证明，经过重新排列各项以后，这类数列的和可以是任意预定的值。这也就是说，如果我们对 48 这个数字有特殊的喜好的话，就一定能找到一个重新排列的方法，使得序列各项的和恰好是48，这一现象在别的地方被称作“说话的亡者”[1]。

现在我们回到欧几里得第五公设的问题，这一问题被勒·里昂纳称为“令几何学者绝望的几何丑闻”。尽管我们在读了数学家法卡斯·波尔约给他的儿子亚诺什的信后可以这样认为，但这样的言论可能还是太过夸张了。这位亚诺什·波尔约就是我们在第一章中提到过的波尔约，那位非欧几里得几何的发现者（或者说发明者更为确切），他从一开始就忽略了自己父亲的警告：

> 不要沉陷与平行线的研究。我对这条道路知根知底。我已经经历过了这无尽的黑夜，耗尽了我毕生的

---

① 在阿根廷有一种乐透彩票会将数字与梦境联系起来，例如：15= 漂亮的女孩儿；48= 说话的亡者。但不幸的是，这种方法对中乐透彩票并没有太大帮助。倒是我们先前提到的序列（所谓的“几何”） 更为有效，这种序列提供了一种方法，让赢得轮盘变得“万无一失”。
首先，我们在轮盘上下一个注。如果这次没中，半分钟之后我们又在轮盘上下两个注。如果这次还是输了，1/4 分钟后我们又在轮盘上下四个注……如此循环下去，只要我们输了就再次以双倍下注，并且将下注的间隔时间缩短到前一次的一半。反之，一旦我们赢得了赌局就结束一个周期。读者们可以试验一下，不管从开始我们输了多少次，但在一分钟以内我们绝对可以赢一次（当然，除非每一次都出黑，这种情况你就应该去想赌场经理投诉了）。当然，要实现这一计划需要赌桌上不断有小球掷出，而且还需要我们具备相当的速度来大面积的下注……不过单从理论的角度来讲，我们可以肯定这种方法能让我们在短时间内赢得赌局。

> 精力与光明。我恳求你，不要再理会平行线里的学问了……我已经准备好了为真理而牺牲自己，我曾试图当一名殉难者，将几何学中的误差统统铲除，将本真归还于人类。我做了一项盛大而又可怕的工作，我所取得的成就已远远超过了其他人，但我仍旧没能完全地完成这项任务……当我发现没有任何人能够到达黑暗的尽头时我就回头了。我无限惆怅地回了头，为自己感到悲哀，也为全人类感到悲哀……我蹚过了这地狱般的死亡之海中的所有礁石险滩，又带着残破的桅杆和船帆返航。我那被磨灭的意志，最后的毁灭给我找到了这样一个借口。就这样毫不留情地，将我的生命与快乐夺走了：aut Caesar aut nihil。

最后一句拉丁语引文的意思是："不为恺撒，宁为虚无。"也就是说，可怜的法卡斯最后得到的结果就是：什么都没有。但仿佛是在讽刺法卡斯一般，亚诺什在收到这封信的不久后发表了一篇十六页的论文，论文以一种出人意料的方式解决了平行线的问题，向世人呈现了他所谓的"从虚无中构建的世界"，那里描绘了一个独立于欧几里得第五公设存在的几何世界，不论你曾经接受与否，其中的定理都是有效的，这也就证明了欧几里得第五公设并不一定就是正确的。更令人匪夷所思的是，他这篇论文的发表之处——他那位自怨自艾的父亲的第一部著作的附录中。这的确是一名孝子不应该做的事情……

19 世纪时，在巴黎住着一位名叫迦罗瓦的杰出数学家。他在代数领域的理论精彩绝伦，优雅而又坚实，并从理论中推导出了四次以上的方程的奇妙解法。让我们来看看是怎么回事。

一次方程和二次方程的解答已经和文字差不多一样古老了，早在苏美尔人的石碑上就有记载。那么看看下面这个三次方程：

$$3x^3 - 2x^2 + x - 25 = 0$$

解开这个三次方程可能需要费些时间，它在 16 世纪被解开时还牵涉到一起黑幕事件。1506 年，解开这个方程的功劳归于一位来自意大利博洛尼亚的名叫希皮奥内·德尔·费罗的数学家，尽管从未有人发现过他的手稿。1539 年，另一名意大利人塔尔塔利亚则向杰罗拉莫·卡尔达诺展示他自己的解法，塔尔塔利亚要求卡尔达诺发誓，绝不在其亲自发表这项成果之前向世人昭告（后来卡尔达塔打破了誓言，还惹来了一些官司）。卡尔达诺是这样描述这个问题的：

> 在我们的时代，一位博洛尼亚人，他解开了三次方程，这是十分令人钦佩的壮举。这项艺术是神赐予人类的一份厚礼，超越了一切人类才智的辉煌，是人类智力与勇气的证明，它是如此的美妙，以至于让发现它的人认为已经没有不可能这一说法的存在。

没过多久，解开四次方程的方法也被发现了，然而，五次方程仍然无解。现在就可以告诉大家，解五次方程的公式永远也找不到，经证明，这样的公式根本就不存在。换句话说，即便是“最具价值的人类才智”也没有能力找到解开五次或以上方程的公式。这种不可能性在1799年就被鲁菲尼证明了，1826年，挪威数学家阿贝尔用更严谨的方式再证明了一次，这是现在所称的“迦罗瓦理论”中的一大亮点。同贝多芬一样，迦罗瓦出生在向浪漫主义时期过度的古典主义时期，他有一个“古典”的开始，又以“浪漫”收尾，正是“不确定性”划分了这两个阶段。但迦罗瓦最为浪漫的要属他的一生。

1831年，二十岁的迦罗瓦被巴黎高等师范学校开除，于是他开办自己的私人讲堂，所授课程包括：一个关于假想数的新理论、根式可解的方程理论、数论，以及纯代数的椭圆函数。不知是否是因为这个课程计划听起来有些令人生畏，他的讲堂没有一个听众。遗憾的是，第二年事态也没有朝好的方向发展。他积极参加政治活动，因为卷入决斗令他丧命。迦罗瓦生命的最后一晚的手稿被保存下来，他仓促潦草地给朋友留下了一份科学遗嘱，要求“如果自己的对手获胜，就将自己的发现告诉高斯或雅克比”。迦罗瓦的话还是带来了一些希望的，但这与他自己的命运无关，而是取决于他的发现。他曾说：“我希望有朝一日有人会发现这堆烂摊子还是有些用处的。”

从这点我们可以看出，迦罗瓦作为数学家比作为“角斗士”更有自信。而且他有足够的理由这样做，因为“这堆烂摊子”就是一个十分重要的数学理论的开端，这个理论现今出现在数学的各个分支之中。

但是为了进入“浪漫主义时期”，我们要讲另外一个故事。这个故事要从一位俄国数学家讲起，勒·里昂纳称他为“伟大的启示”，我们谈到过格奥尔格·康托尔——集合论的创始者。但令人想不到的是，这强大的理论也有缺点。德国逻辑学家戈特洛布・弗雷格用了数年时间完成了他的著作《算数基础》，书中试图在纯粹的逻辑理论上构建数的概念。算数研究的是自然数，而自然数是数学中其他一切的基础，但我们很难说一个数是真正的自然数，而弗雷格所追求的正是掀开数字身上的抽象而又神秘的面纱，使它们成为最严谨的公理庇佑下的具体存在。当他收到伯特兰·罗素的来信时，他发现自己的书被登载在报刊上，并且评论满是褒奖之词：

> 他书中的许多讨论、区分和定义都是我在别的逻辑中找不到的。特别是关于函数的部分，我曾有过连细节都与他十分相似的定论。

最后，又好似不经意地说道：

> 只有一点让我觉得有些困难。您说函数也可以。

啊！啊！啊！……尽管这听起来像是再平常不过的评论了，但却引来了一场狂烈的风暴。为了避免谈论技术问题，我们可以看一个罗素的发现，依旧是集合论范畴内的问题，那就是著名的罗素悖论。他通常是这样表述的：

> 在一座城里，一个理发师为所有不自己刮胡子的人刮胡子。那么，这个理发师给他自己刮胡子吗？

这里要强调的是，理发师只给那些不自己刮胡子的人刮胡子，假设他会刮胡子的话，他就不会给自己刮胡子。另一方面，这位专业的理发师拯救了所有不刮胡子的人，因此，如果他不刮胡子，他就必须给自己刮胡子。

通过这个简单的推理，把所有的结论都推向了荒谬，不管我们认为“理发师给自己刮胡子”这句话是正确的还是错误的都说不过去。在我们的二元逻辑中，即“排除”第三种可能性，所以荒谬的结论在告诉我们：这是一个悖论。

还有许多类似的说法，例如在语法中，有一种归类是将形容词按照是形容自己还是其他分为“自指词”或“异指词”。这样一来，单词“esdrújula”[①] 就是一个“自

---

① 意为重音落在倒数第三音节的词，而在西班牙语中这个词本身的重音刚好落在倒数第三音节。——译者注

指词”[1]，然而，“不可发音”的这个词有是实实在在的可发音的词，因此它就是一个“异指词”。现在我们来分析一下“异指词”这个词，作为异指词，它表示自己，那就是自指词；如果它是一个自指词，那它不是形容自己，也就是异指词。

这一切看起来就像一个简单的游戏，然而，在康托尔的理论中可以不断产生悖论，因此定义了两种集合：

> 普通集合，不包含自己作为元素。例如，一组鸭子，它不是鸭子。
>
> 非常集合，它们本身就是元素。例如，集合的集合。

这样一来，“理发师”的角色就是由普通集合的集合来扮演。也就是说，集合 B 中的元素是所有不属于集合 B 的集合。如果我们假设 B 属于 B，那么这就是一个普通集合且不属于 B；反之，如果 B 不属于 B，那么就是非常集

---

① 用佩索阿的话来说，这也是荒谬的，因为在葡萄牙语中，“荒谬”也属于“esdrújula”的范畴，在佩索阿的一首诗（严格地说应该是阿尔瓦罗·德·坎波斯的诗）中反复重复“一切情书都是可笑的”，直到最后他宣布了那些属于“esdrújula”范畴的词语的“esdrújula”性。正如我们将看到的，罗素给弗雷格写的并不是一封情书。

合且属于B。虽然语境不同，但这也就是罗素的信中提到的“困难”。我们来听一听弗雷格的回信吧，它的开头充满了敬意：“我非常感激您在6月16日的来信，内容十分有趣……”接下来是几段无关痛痒的话，直到最后，残酷的对话出现了：

> 您有关悖论的发现给了我极大的惊喜或者可以说是极大的惊恐：它实实在在地动摇了我希望建立算数的基础。但似乎那些我认为可行的换算并非永远可行，我的基本法则五是错误的，我在第31段的解说并不能保证我的符号组合在任何情况下都是有意义的。

事情好像比罗素本人预想的还要坏得多，“不仅仅是我的算数理论的根基，甚至算数中仅有的那些根基都黯然失色了”。

不管怎么样，弗雷格仍有坚韧的意志来保持一丝希望：“然而，我相信能够通过限定条件来保证我的论证的本质是可行的。”

在这段书信往来后不久，数学之潮水受到了猛烈的冲击。为了避开那些“有毒的悖论”，罗素同英国逻辑学家、哲学家怀海德一起构思了“类型理论”。这一理论是在巨作《数学原理》的基础上发展而来的，理论中建立了对集合的限制，从而消除了悖论，尽管这一理论带来了一些我们很快就将看到的结果，但罗素在逻辑原则中寻求数学根基的热情仍然坚固。

但是，一切努力变得毫无用处。1931 年，这一切又遭到一记重创：哥德尔，一位杰出奥地利逻辑学家证明了一项公理，一切试图为算术“奠基”的系统的真伪都是无法被证实的。那些险恶的词句都被烙上“不可判定”的名号，且不论它们到底是真还是假，系统中的规则就不足以来证明其真伪。那些原理则变得毫不可信，而且不仅如此，一切以此为目的系统都注定无法成立。

弗雷格的故事或许让人想起《圣经》里的故事：雅各在一天半夜被人袭击，雅各胜利后要求得到祝福，那人让雅各易名“以色列”。这个故事让毫无准备的读者大吃一惊：“……这样一来，你与神搏斗，并战胜了他。”后来的评论者说那个人其实是一个天使，也就是一直陪伴着雅各守护他的天使，如此一来，这段小插曲让我们得知，雅各真正的胜利其实是对自己的胜利。我们也可以认为弗雷格同许多其他作者一样，也是在同一位天使搏斗，只是在他的搏斗中是天使获胜了。这和迦罗瓦的疼痛有几分相似，虽然弗雷格要付出的代价没有那么沉重。据说他所获得的荣誉通通与他的学术研究无关，他从来没有被任命为教授，也没有得到过一名六十岁的老教师应该取得的普通荣誉，因为“他的学术活动缺乏对学校利益的考虑”。很多年以后，几乎是在他短暂生命的尾声，罗素回顾起这一系列插曲，并这样描述：

> 当我回想，有什么说得上是既正直又让人感激的行为时，我发现竟然没有一件能比得上弗雷格对于真理的献身的行为。弗雷格一生的时间都在完成他的作品，而他大部分的成就都在资质远不如他的人们所在乎的利益中被忽略了。他的第二部作品眼看就要发行了，但他意识到了他的基本假设是错误的，他理智上以欣喜回应，但不得不努力抑制情感上的沮丧与失望。这几乎是超越了人类极限，这告诉我们，当一个人全身心地献身于知识与创造，而不是急迫追求权利与名誉时，他就拥有无限的力量。①

---

① 这段话来自 G. 弗雷格（1985）的个人简介，详见本书参考目录。

方法之美

让我们再回到勒·里昂纳提出的分类法的问题上，他认为方法的研究存在着严格的经典派和浪漫派之分，因为方法反映了“人类作品的风格”。作者曾称，“如果一种方法容许简单又效力强大的手段存在，那么它就是经典派”，就像海顿或莫扎特优雅又平衡协调的作品那样。这是一个推断性的论证（好比同理可证），只要证明两种说法的正确性，就能从无数的真理中得出结论。的确，若要证明所有的自然数都具有 P 属性，我们只需要证明以下 2 点：

1.1 确实具有 P 属性。

2. 推断性规则：如果数字 n 具有 P 属性，那么数字 $n+1$ 同样具有 P 属性。

为了解释这一原理，通常会借用一个更加书面的范例，然而这个“书面”并非通常意义上的“书面”。我们假设一个书架上整齐地摆满了一排书，而且这些书本满足以下规则：

如果一本书倒了，紧靠在它右边的书也会倒。

那我们推论所有的书都会倒，是否正确呢？事实并非如此，如果我们推倒书架最左侧的第一本书，这一切就有可能发生，所有的书都倒下看似无可避免：

由于第一本书倒了，第二本书也会倒。

由于第二本书倒了，第三本书也会倒。

由于第三本书倒了，第四本书也会倒。

……

以此类推，书会一本本全部倒下，直到书架的尽头（见图 14）。

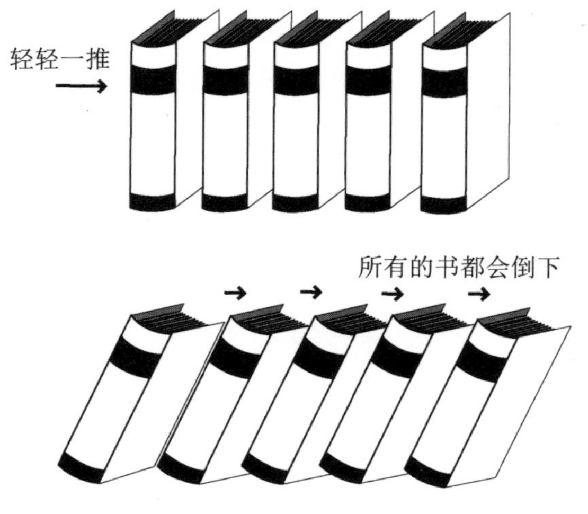

图 14

我们不禁要问：如果书架没有尽头呢？这恰好是自然数所面临的情况，推断性规则确保了由 P 对自然数 n 的准确性，故能推断出 P 对自然数 n 的后续数的准确性。

$$P(0) \to P(1) \to P(2) \to \cdots$$

这种证明自然数属性的方式的有效性建立在推论原理之上，所谓的推论原理其实是一种公理，看起来更像是信任的问题。由于自然数中的第一个“倒下”了，每个数字又“推倒”了紧跟着它的数字，于是乎我们就可以放心地坐等好戏上演：每一个数字，无论早晚，总会在某个时间“倒下”。

一次精心的几何构建也是经典派的行为，例如欧几里得建立的严谨的公理化方法，它成了整个 20 世纪各种思想体系模仿的模型。某些算术的运用就十分经典，甚至被看作是一道“秘方”，通过几步简单运算就能完成一些艰难的任务，我们可以想一想日常生活中常遇到的乘法。在这里就能看见我们数学系统的好处，它能让我们构建出一个简单机制，将问题简化为背诵一个乘法表，再使用我们在幼时就学到的方法：

```
   138
 x  27
 -----
   966
  276
 -----
  3726
```

对于那些更懒惰的人还有一个更奇怪的规则——纯手动的——将问题简化到比我们刚才要求的还简单。懒人们说：我们给两只手上的每个手指头按照6到10排号，从小指开始，接着，我们把要相乘数目的指头放在一起，大指头向上，例如如果我们想要计算7乘8的结果，让手指头工作起来，我们就会看到以下情形（见图15）。

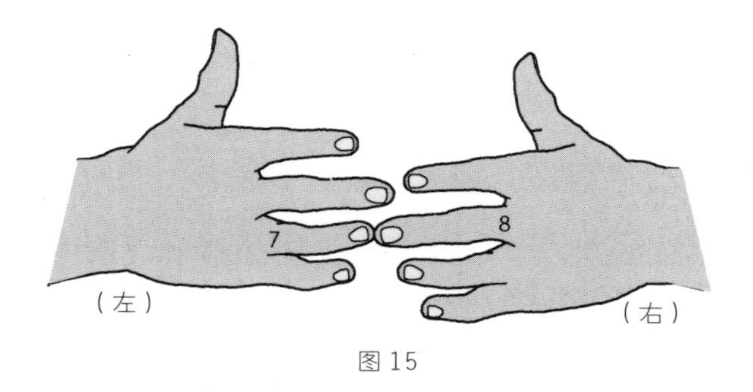

图15

包括相接触的两根手指和处在下方的手指（在这里有左手的无名指和小指，右手的中指、无名指和小指，一共五根手指），一根手指代表数值10，先将接触和处在下方的手指数值相加，再用每只手剩下的手指数（即右手的三根和左手的两根）相乘。也就是：

$$10+10+10+10+10=50$$
$$3\times2=6$$

最后将得到的两个数值相加，我们就得到了结果：50+6=56。但记住，使用这种方法还是需要懂得 4 以内的乘法运算，并懂得加法运算，但这也比背下整个乘法表的记忆量少得多了。

总的来说，代数为我们呈现了许多简洁、优雅的运算步骤的例证。这一精神在它的名字中就隐约有所体现。代数的名字来自阿拉伯读音为“al-jabar”的单词，意思为“重新整理”。在古西班牙语中，“代数学家”一词用来形容那些能将脱臼的骨头复位的医者，看来在那个年代遭流氓的棍棒捶打的概率比碰见一个代数问题的概率要大得多（在德国，代数被称为“小玩意儿”，因为代数中常出现的 x 变量都被叫作“小玩意儿”。这个名字好像显示出了德国人民充满激情的性格）。与之相反，非直接的证明方式就要浪漫得多。

我们要先从那些看似荒唐的证明说起，假定一个离奇的世界，并在其中否定想要论证的理论，目的是得出一个矛盾的结论。但非常肯定的是，最后是能够成功证明想要证明的理论的，可整个过程就好比在假装理论是假的，在数学中不乏这样的论证。不管怎么说，说一个命题是假命题总比说一个命题绝不可能是真的听起来更浪漫。接下来我们会看一个这方面的例子。

有的论证会使用一些意想不到的手段，也称得上浪漫，它会给人留下与研究目标相去甚远的第一印象。“数论”就是一个这样的例子，为了研究算数中最基础的问题，还介入了各式复杂问题的研究。最好的范式例证就是“费马大定理”，他的论述简单得不可思议：

若一个整数 $n>2$，那么不存在满足以下方程的正整数 a，b，c。

$$a^n + b^n = c^n$$

关于费马大定理的故事已经广为流传，但还是值得一提。在 17 世纪，声名显赫的法国数学家兼大律师皮埃尔·德·费马在一本书的留白处写下了上文那个命题，并在旁边评注：“我找到了证明这一命题的方法，实在是美妙绝伦，但这本书的留白实在太窄了，不足以将我的论证写下来。”

非常遗憾的是，费马最初学习法律但他并没有采取公正手段为自己博取更大的收益，事实是他的这个“美妙绝伦”的证明方法后来也没有被人找到。于是数学家们开始尝试重新复原它，经过多年的努力才得以证明当数值 n 在某些特定范围时命题有效，但是费马所提出的普遍性命题仍然无法被证明。后来甚至为有人证明这个命题设立专门奖项，人们争相竞争，其中既有数学专家，也有数学爱好者，但他们都没有成功，所有寄来的答案都被发现是错误的，有的错误一目了然，有的看似正确但还是被发现了破绽。直到 1993 年，一位名叫怀尔斯的英国数学家交出了一份二百页左右的报告，并声称费马大定理被证实了。这又掀起了一番轰动，但后来发现这份报告中也有错误。最后，经过几个月焦虑又紧张的工作之后，怀尔斯的报告中的错误被更正了，这让他大大地松了一口气，因为费马大定理被实实在在地认定了。然而，这一证明方法绝不可能是费马当年声称自己所发现的方法，因为这里面所使用的数学理论远远超过了费马所处时代的学术水平。

为了结束我们的分类，我们还要提一种方法，也就是勒 · 里昂纳所说的“被已知事实中新的一面所激发，将曾经分散的已知知识联系统一”。要展示这种方法，没有什么比这场所谓的“代数与几何的婚礼”更好的例子了。我们以前提到过笛卡儿的解析几何，它用一种强大的表述方法，通过代数的术语来为几何物体做出超凡的总结。这种想法其实非常简单，例如在一个平面，所有的点都可以被想象成一对坐标（x，y）（见图16）：

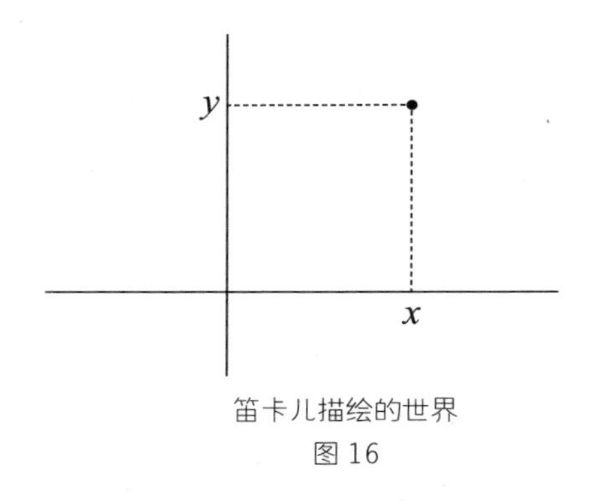

笛卡儿描绘的世界

图16

如果现在我们将前文中大肆宣扬过的勾股定理联系起来，就能发现点（x，y）到左边远点的距离 d 满足以下等式：

$$x^2+y^2=d^2$$

特别是，如果我们专门考察平面上所有到原点的距离为1的点的集合，那么我们就能见证一个几何圆形被奇迹般地转变为一个精巧的公式：

$$x^2+y^2=1$$

换句话说，一个点（x，y）只有在它的两个坐标满足上述等式的时候才能证明它所处的位置与原点的距离为1（即处在一个以坐标原点为圆心、半径为1的圆上）。

受到这些“奇迹”的启发，数学家埃德加·基内这样描述到：

> 当我看到一个方程在我的手中被破解，并迸发出无限种真理，每一个都如此毋庸置疑，同样永恒，同样灿烂精妙，我就会认为自己是受到了神灵的庇佑，它们为我打开了所有奥秘的大门。

在寻求新的表述方式的基础上，有的作者将笛卡儿方法与巴洛克流派建立起对应关系。它的特点是自由与紧张之间的张力，以及秩序或者说纪律，这两大特点分别被代数和几何所展现。这些言论可能很有趣，但都超出了我们这一章所提出的“分类”这一话题。

第三章

数学家都是谎言家

在上一章节我们已经讲了很多故事，其中有的十分悲伤，例如第三十二页提到的佩索阿的梦。让我们做好准备踏上本书余下的新征途。

我撒谎

我们来看一看本章节的题目——“数学家都是谎言家”——这并不是什么新鲜事，我们从一开始就一直这样认为。然而，再次提出这一观点并不是要继续针对佩索阿，而是另外一位显赫的诗人——来自克里特岛的埃庇米尼得斯，他在公元前6世纪就说过：“所有的克里特人都是骗子。”

大家很快就会意识到，一名克里特人并不是发表这样的言论的理想人选，因为大家对骗子的理解是“总是说谎的人”。即便如此，这个命题也并非悖论，而是一个谬误，然而，它给了我们提出另一个简单至极的命题的基础：

我撒谎。

或许你可以理解为：

这句话是假的。

现在好了，一切都明了了，即如果我撒谎的时候我所说是真话，而当我说真话的时候我在撒谎。又来了，悖论。其实，本书（章节）本来就是矛盾的，当一名数学家来提醒读者“数学家是伪装者”的时候，读者就应该有所怀疑了。但也不必惊慌，因为虽然人们通常认为悖论是一种可怕的现象，但根据悖论自身的逻辑来看，不管它如何“自相矛盾”，我们除了接受它的存在，也别无他法。

我们在前文提到的那则由埃庇米尼得斯提出的悖论起初在很长一段时间里都没有受到数学家过多的关注，他们认为这不过是一个咬文嚼字的问题……然而，20 世纪的好几位数学家已经达成了共识，认为“数学的确不过是组织有序的语言而已”，这样一来就让许多的问题，甚至是一个“咬文嚼字的问题”都变得值得关注了。数学家们尤为重视语言中的“组织有序”，因此，埃庇米尼得斯提出的悖论就被打上了“组织混乱”的标签，必须将它从数学行列中消除。

然而，这些组织混乱的语言的创造者们通常都具有强烈的报复性，这位克里特人也并不例外。诚然，在道格拉斯·理查·霍夫斯塔（又译“侯世达”）的著作《哥德尔、埃舍尔、巴赫：一个永恒且优雅的循环》[①] 中，悖论扮演了关键角色。现在让我们来看一看书中出现过的某些概念吧。

并非如此有序

这本书想要表达的主要概念之一在它的书名中已经展现——循环的概念[②]。一说到循环，我们会下意识地想到某些又绕回到自身的东西，例如“这个命题是伪命题”这句话，我们分解一下就能发现这其中的循环，例如，两个相关的

---

① 中文译本名为《哥德尔、艾舍尔、巴赫：集异壁之大成》。——编辑注

② 其实，这本书的英文原名叫作《Godel, Escher, Bach, an Eternal Golden Braid》（哥德尔、埃舍尔、巴赫：一条永恒的金色发辫），西班牙语译名为《Godel, Escher, Bach, un Eterno y Grácil Bucle》（哥德尔、埃舍尔、巴赫：一个永恒且优雅的循环），西班牙语译者在翻译书名时为了保持与原作者一致，用 GEB 作为首字母的缩写，而舍弃了原意思。

命题：

$p=q$ 是伪命题，$q=p$ 是真命题。

霍夫斯塔将埃舍尔的名画作《画手》与这两个命题相提并论，在《画手》中，两只手相互描绘另一只手。但我们会发现，这些奇怪的循环都可以通过“跳出系统之外”来解释，即你可以把它想象成一个荒诞的故事：

一只手在描绘着另一只正在描绘它的手。

如果我们意识到在“系统之外”有一只手在描绘这两只手，那我们便能给这一切一个令人宽慰的合理解释。另一位伟大的循环“工匠”是令人钦佩的阿根廷作家马赛托尼奥·费尔南德斯，他有一句名句，是形容一次不太成功的宴会的：

缺少的人实在是太多了，如果再少一个就不合适了。

还值得一提的是，当费尔南德斯向诺拉·兰格表达自己的爱意时得到了这样的答复："请您年轻二十岁以后再来吧。"这比我们在打电话找人的时候得到这样的答复更恼人："对不起，他已经走了，您能不能再早一点打过来？"

正如我们所说过的，所有的系统都有它的规则，通过这些规则可以制造"语句"。单纯从语法的角度讲，我们可以认为，语句不过是被我们称作"字母"或"词汇"的集合中的某些基础元素的组成罢了。而语法即是用来构成语句的规则：那些通过语法的正确运用而构成的语句被称为"正确的构成"。

在欣赏爱伦·坡的恢宏短篇小说《失窃的信》时，法国精神分析学家拉康提出了一个非常有趣的例子。首先，他提出了多个语法满足我们刚才所述规则的系统，我们来看一个最简单的，这个系统由硬币的偶然性决定。如果我们连续多次向空中抛掷一枚硬币，我们会得到像这样的偶然结果：

人头 — 字 — 字 — 人头 — 人头

在这种情况下，词汇就被缩减为"人头"和"字"两个词，拉康分别将它们命名为"+"和"–"。在这里，我们只要不是愚蠢的或浅薄的语言学者，就能发现这个系统里的任何语句的构成都是正确的。要学习这种语言，要做的就只是仔细地阅读这份简短得不可思议的说明书：

{+，-}系统的语法规则说明：

1. 所有的语句的构成都是正确的。

值得一提的是，我们也可以认为这个大有用途的规则集合具有前文提到的“制造性”，要是这一性质成立，那我们首先要给这个正确构成的语句冠以公理名义，以及能够生成新的语句规则集合，再以此为基础继续构成新的词句。可能会形成一个如下的“语法包”：

公理：“+”和“-”是正确的语句的构成。

规则1：在所有正确构成的语句后面都可以加一个“+”。

规则2：在所有正确构成的语句后面都可以加一个“-”。

这些听起来还是很愚蠢，不过这可以帮助我们了解这些系统是如何运作的。例如，我们很容易证明语句“+---+”是正确的构成，因为根据公理我们知道“+”是正确的构成，再继续运用规则，便能验证：

由于“+”是正确的构成，则“+-”是正确的构成（规则 2）

由于“+-”是正确的构成，则“+--”是正确的构成（规则 2）

由于“+--”是正确的构成，则“+---”是正确的构成（规则 2）

由于“+---”是正确的构成，则“+---+”是正确的构成（规则 1）

正如我们想要证明的。顺便说一下，其余由拉康所提出的系统中的语法已经不像示例系统这样平凡浅薄，因此需要依靠一些没有那么愚蠢的“说明书”来解读。

代表与释义

不管是直接还是间接，我们刚才提到的系统都用一定的方式“描写”了与语言无关的某种现实：扔硬币。那么现在，如果有人窥探我们的笔记本上的内容，发现了“+--+-”这一串东西，他会怎么想我们呢？首先，他一定会认为自己看到的是一个疯子的笔记，除此之外，这一串符号里显然没有迹象表明它和一枚硬币有关。严格来说，这个好奇的人很有可能意识到这一串符号里隐藏着某些信息，或者就是简单地代表了我们在一个星期里的心情状态：

星期一：好（+）

星期二：不好（–）

星期三：不好（–）

星期四：好（+）

星期五：不好（–）

不管怎么样，只要没有明确定义符号“+”和“–”的内涵，那这个系统就是一条纯粹的语法，这位好奇者所做的是为它释义，也就是说，用一种方法来给这些语言产品加以意义。

提到描写，我们可以设想一下相反的情况。选择用“+”来表示“人头”，用“–”来表示“字”其实是随性的决定，但除此之外，这样的脚本还是捕捉到了现实的某些方面，即硬币的现实。在数学中，抽象的概念被以各种形式所代表和呈现。我们都知道，“柏拉图”式的直线与我们所画的直线并不相同，尽管我们在从中学毕业以后，都不难解释方程式“$2x+3y=7$”是一个直线方程式（如果有读者已经记不得这件事了，可以试着像我们在上一章所做的那样，在一个坐标系上画出这个方程式）。但是，究竟什么是一条直线呢？在这简单的字母组合中没有任何线索让我们去意会这一由希腊人构思出的几何图形的本质，然而，笛卡儿的解析几何提供了一种方法，用一个方程来表示直线①。

我们来看另一个例子，迷宫（见图 17）：

图 17

① 在笛卡儿去世几个世纪以后，有一群被称为形式主义的数学家们不得不开始严肃地探究除了字母以外，还有什么可以代表直线。

这似乎与图形没有任何相同点（见图 18）：

图 18

但是，如果我们按照这样的方法排列一些字母，就会很容易发现其中的相似之处（见图 19）：

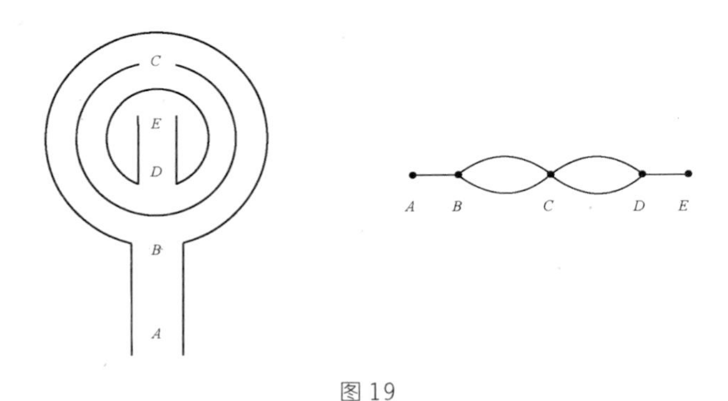

图 19

例如，在上图的两种情况下我们都能发现：

从 A 到 B：一条路

从 B 到 C：两条路

从 C 到 D：两条路

从 D 到 E：一条路

我们可以用另一种方式，即通过一个方阵来表达它，在这个方阵中，每一个数字代表了横轴和竖轴所指的两个点之间道路条数（见图 20）：

	A	***B***	***C***	***D***	***E***
A	0	1	0	0	0
B	1	0	2	0	0
C	0	2	0	2	0
D	0	0	2	0	1
E	0	0	0	1	0

图 20

这样一来，我们就能发现迷宫、图形和方阵之间的某些共通之处，尽管乍一看它们非常不同，不管怎么说，我们可以把它们看作是同一个概念的三种不同表达。对于自然数的存在就有着多种多样的书写形式，我们惯常使用的是排位系统，即按照数字的数值决定它的位置，在实际操作中非常有效。想要证明这一点，你只需体验一下用罗马数字来做加法或其他运算带来的痛苦就行了，但除此之外，这种排位系统相比起其他的书写形式就没有任何优势了。而它在十进制基础上相对于别的数字书写形式的优势就不用提了，只不过是更符合拟人化的公理罢了。

作为不同释义的例子，我们来看一篇由科塔萨尔所写的名为《地理》的短篇散文，文中用一页纸的篇幅记录了蚂蚁视角的地理认知（括号中指出了文中某些表达的可能释义）：

> ……平行的海面（河流？）。巨无边界的水域（大海？）在某个时刻突然生长，就像节节攀升的常春藤（形容一面高墙，想借此表达潮汐？）。如果它远走，远走，远走（重复的概念表示距离），会到达一片大绿荫地（一片树荫，热带丛林，还是森林？），在那里，神灵会给他最优秀的工匠们提供终年不竭的粮仓。在这里，到处都是可怕的巨型生物（人类？），毁坏我们的道路。大绿荫地的另一面是坚实天空（一座山？）的开端。这一切都是我们的，但充满了危险。

代表与释义远远超越了数学范畴，但在建筑师绘画设计图纸、音乐家编写乐谱时都能见到。乐谱并不算一部音乐作品，但在一定程度上表达了作品。霍夫斯塔的书就是一部系统之外的编码游戏之书。这也并非偶然，因为哥德尔定理在某些方面也与此雷同，在后面我们会详细讲述。

不属于这个世界的无稽之谈

逻辑令人兴奋。无论如何，令人满意，还有康德在他的一段名言中展现出的不仅仅是满意的态度：

> 从很久以前起，逻辑学就选择了科学这条安全道路，从亚里士多德从未退缩的事实就能证明，因为人们并不认为摒弃语言中的累赘或是加以更加清楚完整的呈现方式是对科学的改进，而是认为这两者都属于科学的优雅范畴而不涉及科学的安全范畴。同样值得注意的是，到现在为止我们还看不到任何进步，因此，根据所有可能性，逻辑学似乎已经达到了完整与完美。

就像法卡斯·波尔约写给他儿子的那封信一样讽刺，似乎正是缺少了康德的这番言论来肯定逻辑学的完整与完美，好让这门学科走上它卓越无阻的发展道路。人们通常将 G. 布尔的一本标题雄心勃勃的书称为开创性作品，即出版于 1854 年的《思维规律的研究》，但在它出版一个世纪以后，人们发现有的时候思维会避开规律。我们之前已经讲到过关于浪漫主义几乎最全面的例子（如果悖论也算的话）：集合论被悖论紧跟着不放，为了解决麻烦又出现了哥德尔定理①。

在莱奥波尔多·马雷夏尔的小说《亚当·布埃诺塞雷斯》中有这样一句话“不属于这个世界的无稽之谈”，这句话得到了严格的论证支持：

> 例如，当我说一件悲伤的通肠便的毛背心朝着一个豪华装修的肚脐眼发出蔚蓝色的大笑声。不管怎么匪夷所思，但我的句子中的逻辑无懈可击。
>
> “不！不！”有声音反对道。亚当给酒窖送去了一整杯的葡萄酒。“让我们看一看，”又继续陈述道，“难道我不能将悲伤比喻成一件毛背心吗？因为有那么多人已经将它比喻成面纱、薄纱或是纱巾，并且对灵魂起着一些泻药的作用。那如果我给悲伤赋予一项

① 正如我们所说过的，该定理之中牵涉到了悖论，不是说罗素，而是埃庇米尼得斯。为了表述得更准确一点，我们应该说哥德尔的天才论述并没有取得命题“我撒谎”的精髓，而更接近于“我不可证”。他的另一些显著成果也值得一提，大概是说，即使用数学的方式严谨推理也不能保证数学中不出现矛盾。这就好像一个人试图证明自己并不是疯子一样：他可能会提出一个“合理”的证据，因为他确实不是疯子，但他证据也可能完全是胡言乱语，因为他就是一个疯子。

通肠便的特质又有什么好奇怪的呢？再说，既然我也要使用一些拟人手法，那我当然也可以给悲伤加一点人类的动作，比如大笑，可以把悲伤的大笑理解为它的死亡，或是天鹅的歌唱。至于装修豪华的肚脐眼，它的字面释义就已经相当具有现实感了。”

无稽之谈被推翻，便可以确信这其中“无懈可击的逻辑”。在博尔赫斯的短篇小说《巴别图书馆》中，描绘了一座包含所有字母组合的图书馆，这那里，任何一种排列都是：

dhcmrlchtdj

都在某种语言中有意义。我们可以看到，无论如何，不是所有的东西都是可表达的，就连一座像巴别这样的图书馆也并不完整。这并不是偶然，或许这个小说正是想要表达人类无法达到无法实现的目标[①]。

① 严格来说，在博尔赫斯的小说中，字母组合的长度是有限的，即每一本书共四百一十页，每一页四十行，每一行八十个字母，因此即便整本书恢弘庞大，它也只是个自然数。如果我们注意到，不管字母还是其他文字符号都能够创造出无穷尽的文字组合，就会发现我们之前所述的结果远远不够完整。

现在我们再回到悖论的主题。当我们谈论埃庇米尼得斯的时候，我们提到了消除“组织混乱”的必要性，当我们讲述弗雷格的故事时，说到了罗素的发现撼动了算术的基础。这意味着什么？又为什么会对一个小小的理发师有这么大的兴趣？

答案藏在一张规律“表格”中，这张“表格”可以证明公式：

$$(p \wedge \neg p) \Rightarrow q$$

（即如果满足 p 而不满足 p，那么 q 成立）

不管 q 是指什么，这都是一个重言式。简单地说就是：一个矛盾（$p \wedge \neg p$）能够引起任何结果，这其中的含义也确实有效：

如果下雨又不下雨，那么我会湿掉。

还有：

如果下雨又不下雨，那么我不会湿掉。

甚至：

如果下雨又不下雨，我的姑妈就会拉奏大提琴。

现在能够理解为什么悖论非要在胡须上涂满泡沫了，因为在一个容许矛盾存在的系统中，任何无稽之谈都是有意义的。这一点恰好证实了罗素和怀特黑德在完成集合论时的疑虑，集合论的中心思想就是定义不同种类的集合。第一类型的集合中的元素都是常见的东西，但并不包含其他集合；而第二类型的集合中的元素是第一类型的集合，这样一来，任何种类的集合都是第二类型集合中的一个元素。基于这些限制，已经不可能存在我们在前一章提到过的“理发师”的集合。

虽然很快就发现事情被毫无必要地复杂化了，但整个构建都运行得很好，因为有其他更简单的方法来解决悖论的问题。除此之外，还是带来了一些不太想看到的结果。首先，由于一种类型的集合中不能将其本身作为一种元素，这样一来，非常集合就被明确禁止了，换句话说，没有任何集合可以作为它本身的元素。

虽然很快就能证明“尽无也可是所有”，但这并不是非常严格的限制，尽管它立即表明“没有什么可以成为一切”：如果我们假设宇宙 U 里存在一切，而我们之前就已经规定了 U 不能是其本身中的一个元素……于是，U 便不存在。这样也就不难解释罗素的悖论是如何推翻了弗雷格构建的大厦。

第二种结果和语言息息相关。语言存在着不同的层次，我们从第一个层次的“日常语言”开始。要使用这一层次的语言我们会用到一些被称为“抽象语言”的东西，例如接下来的句子：

蚊子非常讨厌。

这个句子属于“日常语言”而另一个句子则属于“抽象语言”：

“蚊子”[①] 这个单词有八个字母。

---

① 西班牙语“mosquito”。——译者注

然而，从这一构架中我们能看出，“抽象语言”在表示元素之间的关系时非常精确，并依此类推。但是这种构架将语言变得极为复杂，即使是最平实简单的语言，也可能造成难以理解的复合语言层次。

正如我们之前所说的，罗素和弗雷格的努力在某种意义上说失败了，他们不知道自己想努力证明的是不可能的事，这比迷惑一个眼睛看不清的公主可要困难多了。说到“不可能”，有一道非常著名的谜题值得在此一提，虽然这样的故事应该发生在监狱里，但读者们可以和自己的朋友一起试着做一做。扮演狱卒的人集结三个扮演犯人的人并对他们说：

> 我这里有五张颜色不同的光盘，三张白色的，其余两张是黑色的。我会在你们每人的背上放上一张光盘，但并不会告诉你们是哪一张，所以你们能看到同伴背后的光盘，却不知道自己的，也不知道剩下的光盘是什么样。不允许你们有任何交流，而且就算你们之间有交流也不见得有任何好处，因为第一个推断出自己后背光盘颜色的人将获得自由作为奖励。
>
> 事实上，狱卒在每个犯人的背后放的都是白色光

盘，没有使用那两张黑色光盘。[①]

犯人们有办法解决这个问题吗？乍一看，这是一个令人绝望的问题，因为每个人看到的东西——两张白色的光盘好像并不能带来什么推断性的信息。然而，我们已经发现，很多事情如果我们换一个角度来看待就会迎刃而解。

我们从最简单的情况开始分析。如果一个犯人看见他的两个同伴的背后都是黑色光盘，那么他立即就会知道自己的背后是白色光盘，他的两个同伴就只能无奈地看着他去享受自由。我们再想象另一种情况：其中一个犯人，我们暂且叫他 A，看见犯人 B 的背后是一张黑色光盘，而犯人 C 的背后是白色光盘。那么会怎么样呢？如果 A 背后的光盘也是黑色，那么 C 肯定迫不及待地去享受他的自由了。因此，如果 A 发现 C 并没有立即得出结果，就说明自己背后的光盘不可能是黑色。值得注意的是，这个答案不再像前面的例子那样直接，因为 A 只有在验证 C 没有得出结论后，才能证实其结论。

---

① 这一个难题在法国心理学家拉康的著作中被深入分析过。

那么让我们再回到三张光盘都是白色的情况。这个时候我们的A又会怎么想呢？基于我们刚才的分析，推理过程大致如下：

> 如果我的光盘是黑色的，B和C都看到的是一张黑色光盘和一张白色光盘，那么这两个人都在等着看对方会不会立即站出来证实自己的结论，然而这两个人都没有急于证实自己的结论，说明我背后的光盘是白色的！

这其中的秘诀是什么？首先，认识别人的错误。尤为重要的就是让时间将别人的错误暴露出来。而这里出现了一个小问题，假设这三个犯人的推理能力和速度都一样的话，这三个人应该同时站出来证明自己的结论。所以我们所说的是一个时间延续性的问题。我们再举个例子，如果三名犯人不是站出来证明自己而是将他们的结论写在纸上，让狱卒每隔一个小时将三个人的结论都大声念出来，则三个人写在纸上的结论应当十分相似：

> 第一个小时结束时：没有结论。

第二个小时结束时：没有结论。

第三个小时结束时：我的光盘是白色的。

自信犯错艺术中的“禅”

可见，逻辑学家和数学家们是制造这类奇怪题目的专家，而显然并不是只有他们会这么做，霍夫斯塔就为我们举出了多个例子，除了埃舍尔和巴赫，还提到了像马格利特这样的艺术家，这位艺术家最著名的作品之一是一个烟斗，在烟斗下方可以看到暗示性的文字“这不是一个烟斗”。除此之外，还用了好几页的文字来探讨佛教中的“禅”，也就是所谓的“破解逻辑中的公式”。将“禅”与堂吉诃德做比较，认为后者的所作所为（除了某些细节）与数学家所做的事没有什么区别，特别是与我们上一章所提到的浪漫主义相比：

……游侠寻找天涯海角；进入最错综复杂的迷宫；尝试每一次看似不可能的前进；在炎夏的荒野的山地里抵抗阳光的灼射；在寒冬忍受冷冽冰风的侵蚀；野兽不会让他惊奇，鬼怪也不会将他吓倒；为了寻找到自己的目标，不断地尝试与战胜困难就是他的原则，也是他日复一日练习的内容。

而在“禅”中，达到“开悟”境界的一条道路就是“心印”，即佛学大师给弟子提出的一种矛盾性的问题。其中最被人熟知的一个问题记载在《射箭艺术中的禅》中，即“一个巴掌的声音是怎样的”？

为了支持自己的论述，霍夫斯塔提出了另一个例子，这个例子是这样开始的：

> 一天，大师对自己的弟子说：“有两个和尚已经跟我学习很长时间了，你去考验一下他们吧。”弟子拿了一把斧头，来到两个和尚冥想的茅屋内，在他们的头顶举起了斧头，说：“你们要是敢说一个字，我就朝你们的脑袋砍去；可要是你们一个字也不说，我也会朝你们的脑袋砍去！”

说到这里，第一章提到的爱丽丝与白骑士之间对话好像又出现了。我们先放下斧头暂且不管它，用逻辑来作为自己的武器，那么我们可以肯定：

$P \vee \neg P$ 是事实，即和尚们的脑袋则会开花。

但结果脑袋不够用的人是我们，因为故事发展方向变了：

两个和尚都继续冥想，好像什么都没有听到。弟子放下了斧头，说："你们已经是禅宗真正的弟子了。"

公元634年，据说哈里发·奥马尔下令毁灭亚历山大图书馆时给出以下理由：

图书馆中的这些藏书，如果与《古兰经》相悖，则非常危险，如果与《古兰经》相符，则是多余了。

同样的命题，$P \vee \neg P$ 是事实，则应该毁掉图书馆。

"禅"所追求的就是推翻经典逻辑，一个例子可以向我们证明这一点，比如本书开头的那位公主的故事。但这次的问题不在于公主无法选择，而是公主的选择得不到国王的认可。很显然，国王希望女儿能够与一位富裕又强大的王子成婚，而公主却选择了一位没有身份地位的穷人。在两位年轻人的坚持之下，国王给了他们一次机会：

我们让命运来做决定吧，我在这个袋子里放两颗葡萄：一颗白葡萄，一颗黑葡萄。你们不看袋子里面自己选择，如果选到了白葡萄，那你们就可以结婚，但如果是黑葡萄，那就忘记这件事吧。

正如大家所预料的，国王的提议是一个陷阱。公主亲眼看自己的父亲将两颗黑色的葡萄放进了袋子里，公主将这个坏消息告诉自己的爱人：

“我们输定了！父亲在袋子里放了两颗黑葡萄！”

“那我们只要在开始之前请求国王展示一下袋子里葡萄以示公正就好了。”

“我已经知道他会怎么做了，他一定会说你怎么胆敢质疑国王！”

“那如果我拒绝选择会怎么样？”

“那我们就再也不能见面了，我敢肯定！”年轻的公主哭泣道。

但读者们大可放心，几天后婚礼顺利举行了。怎么会这样呢？其实非常简单，故事是这样发生反转的：

选择的时间到了，年轻的男子从口袋里取出一颗葡萄，在所有人都没有看到葡萄颜色的情况下将葡萄送入嘴里，吞了下去。

“我们不是这样约定的，”国王大叫道，“你们得重新选一次！”

“没有这个必要了，”年轻男子说道，“只要打开袋子看看剩下的那颗葡萄是什么颜色就好了。”①

---

① 在先前的故事中，公主的最后一位追求者获得成功和囚犯的例子都取决于“别人失败”。这一点与现在这个故事大为不同，这对年轻的恋人成功的前提是知道国王设下的是圈套。在经典的文学作品中还有一个著名的案例，即奥德修斯经历的一次考验，为了重新赢得珀涅罗珀，他乔装成乞丐。珀涅罗珀许下诺言，如果有谁能轻松地为昔日属于国王奥德修斯的弓箭挂上弦，射穿铁环，那就将自己作为礼物献给此人。正如读者所期许的，只有奥德修斯做到了，他完美地证实了射箭的艺术。但在这里，其他那些美男子（或是不太美的男子）的失败还有另一层含义，证明奥德修斯是唯一配得上珀涅罗珀王后和伊塔卡王位的人。

瓦解系统的愿望

除了难题，我们还提到过奇怪的混合语言以及语言层次的混合。我们再来看一个霍夫斯塔举出的例子，更准确地说应该是两个卓越人物之间的对话：阿喀琉斯与乌龟。阿喀琉斯与乌龟的对话影射了芝诺的另一悖论，但刘易斯·卡罗尔有一篇非常有趣的文章更深入地解读了“乌龟对阿喀琉斯说的话”。

在被霍夫斯塔描述的这段对话中，主人公们都进入了埃舍尔的画作之中，被霍夫斯塔称为“和谐的小迷宫”。好吧，我们也“进入”这段对话吧，这段对话依旧充满了“梦游仙境”的风格，一旦喝下某种糖浆就能够实现空间移动[①]，但是乌龟记不太清楚这其中的操作方法了：

……好吧，不是糖浆，应该是灵药……不对，不对，不是灵药，应该是……是……

① 记得正是这瓶标有“喝我”的神秘小瓶子里的液体让爱丽丝（在克服了重重困难之后）最终进入了那个切斯特顿提过的“住着疯狂数学家的地方”。顺便提及的是，这些故事强化了我们展示不同“地理”的愿望：佩索阿的重言式国家、卡罗尔的美妙国度……

乌龟：“或许你想说的是‘补药’？”

阿喀琉斯：“补药？”

乌龟：“对！就是这个词儿！”①

阿喀琉斯和乌龟继续在画框里散步，画面出现了一盏灯和一个精灵，精灵能够帮人实现三个愿望。这看上去似乎更合适他的战友奥德修斯，我们的勇士阿喀琉斯说：“我的第一个愿望是你能够帮我实现一百个愿望。”精灵不得不对协议做出一些明确规定：

“对不起，我不能实现目的愿望。”

这下事情就变得复杂了：

“我希望你给我解释一下什么是目的愿望。”

“但这也是一个目的愿望，对不起，我不能帮你实现。”

① 注意让乌龟连续说两次话的陷阱，这会设置不同级别的语言。霍夫斯塔的“调味”，让毫无戒心的读者头疼。

后来，精灵答应实现阿喀琉斯除了目的愿望之外的愿望。但最后，我们的勇士是希望这个愿望不要实现：

“我希望你不要实现我的愿望。”

恐怕法力再强大的精灵都无法实现这么特别的愿望吧。换句话说，阿喀琉斯的愿望瓦解了精灵的系统。

秘密阴谋

几年前，布宜诺斯艾利斯办过一次被我认为是“数学长廊”的画展。那是一位画家的画展，他的作品是一幅幅以白色为背景，并以依次排列的自然数为主角的画：

1 2 3 4 5 6 7 8 9 10 11 12 13 14 15 16…

有趣的是，每用尽一张画布之后，画家会在调色盘的黑色颜料里加上一滴白色颜料，也就是说，从第一幅画（上面不过是一些黑色涂鸦而已）起，之后的每一幅画会渐渐变成越发明亮的灰色。而在每幅画的旁边都附有一张画家在完成这幅画时所拍摄的照片，这无疑是给画作添上了一抹最苍老的“颜料”。不得不说画展的效果令人惊叹，每一幅简单的数字图排列在一起变成了令人望而生畏的集合，折射出了人类的有限性。而布展本身也是展出的一部分：这些图画如果拆分开来，毫无重要性可言。这让人想起了本书开头的那位公主的故事，故事的结局解释前面所有情节，也让整个故事有了意义。但有时候这种解释并非如此明确，比如另一部让人钦佩的系列作品——切斯特顿称之为“布朗神文的坦率”的十二个原创故事。该系列中的每一部作品都堪称艺术，在单独阅读时也让人非常愉快，然而，只有在连续阅读系列中的每部作品之后，读者才能掌握故事中最重要的人物“法国人弗朗博”的道德变化，他在做了多年“最艺术”的罪犯之后，变成了秩序的坚决维护者，也成了神父布朗的好朋友。在这场变化中，不止一位评论家意识到了一场秘密阴谋的存在①。

再举一个不那么阴郁的例子，就是下面这首诗：

① 特别是在“断剑样本”中出现了如何隐藏阴谋的内容：“智者会把一片树叶藏在哪里？森林里。如果没有森林就制造一片森林。如果要隐藏一片枯萎的树叶，就制造一片枯萎的森林。”但在这里我不会告诉你这个故事里隐藏了怎样一段可怕的历史。

我愿意给智者一个数字。伟大的阿基米德，天才艺术家……

我们不会把这首诗读完，更准确地说，我们没法读完它，因为这是一首无穷尽的诗。这首诗里蕴含了一个非常简单的规则，即每个单词所含的字母数都是数字 n 的十进制发展的数字，如果出现了零，则使用十个字母的单词（见图 21）。

3	1	4	1	5	9	2	6	5	…
que	*j'*	*aime*	*à*	*faire*	*connaître*	*un*	*nombre*	*utile*	…

图 21

不过我们仔细留意一下这首诗想要表达什么。诗人非常高兴地想要介绍一个数字给读者认识，没错，就是数字 π。但这根本就不可能！至少用这位诗人所尝试的方式是不可能的，因为没有哪个有限的生命能够认识无限不循环小数 π。

我们还能再举一个例子，在音乐中，乐谱也同样可以用数字的形式写成，这是巴赫的发明。字母 A 代表了音符 la，以此类推，字母 G 代表了音符 sol，但与美式的记谱法不同，字母 B 其实代表了降音号，而音符 si 对应的是字母 H。

所以，如果我们看到巴赫的名字：

BACH

我们可以将这位大音乐家的名字念成“♭si–la–do–si”。许多音乐人为了向巴赫致敬而以此创作，巴赫本人也是其中之一。现在令人不解的问题来了：在《赋格的艺术》的最后一首中有一段突然的休止。而在原始的手稿中可以看到一个不同于其他注释的可能被称为“不和谐”的“注释”，那是由作曲家约翰·塞巴斯蒂安·巴赫的儿子卡尔·菲利普·埃马努埃尔·巴赫写下的一小段文字：

在这部赋格曲中，此处使用了“BACH”作为主旋律，而我们的作曲家已经去世了。

第四章

公主之手

背景与主角

在艺术作品中背景和主角是极为重要的问题，最明显的例证就是绘画，但在音乐和文学中我们也能找到很多的例子。比如有的画作，观赏者应当仔细看背景，而非突出人物或形象，同样，在有的音乐片段中，听众应当注意听第二声部发出的声音。有的时候声部相混淆，有的声音似背景音乐，有的声音似突出的主旋律，又或者两者细致地相互融合，以至于无法辨别谁是背景、谁是主角了。

数学里面也有同样的问题，比如让我们看看以下数列：

2, 3, 5, 6, 7, 8, 10, 11, 12, 13, 14, 15, 17…

如果要我们找出紧接着数列的下一个数字应该是什么，

花点时间我们一定能找到。其实，能用以解读以上数列的法则数不胜数：

跳过第一个数字（1），连续写下两个数字（2，3）；然后再跳过下一个数字（4）；连续书写四个数字（5，6，7，8）；接着再跳过下一个数字（9），连续书写六个数字（10，11，12，13，14，15）；接着……

虽然这些数列确实遵循了一定的规律排列，要发现这其中的规律也并不难，但这个过程难免有些令人生厌。在每跳过一个数字后依次写下两个数字、四个数字、六个数字……这就足够让读者推算出接下来的数列了。

这是数学家们感到无比满足的一种体验，即看似不规则的数列不再神秘不可测了。然而，当你正沉浸在这种满足中，还会惊奇地发现，找到的规律里衍生了以下数列：

1，4，9，16…

这就简单多了，并不难发现，这个数列正好是完美的平方数列，但你可能会问这串数列跟刚才的数列有什么关系呢？如果仔细观察你就会发现，这些数字正好是我们刚才“跳过”的那些数字。这样一来，我们就能把这些数字看作是“主角”，并从那些非平方数组成的“背景”中脱颖而出。有的时候就是这样，相比起主角，我们更容易看到背景。我们再以质数集合为例，即大于 1 的自然数中只能被 1 和它自己整除的数，首先是数字 2，接着是 3，然后是 5……

$$2,3,5,7,11,13,17,19,23,29,\cdots$$

虽然我们乍一看会觉得如果不逐一计算似乎无法找出完整的数列，但是我们换个角度，从“背景”出发：

$$1,4,6,8,9,10,12,14,\cdots$$

这是由 1 和合数组成的集合，合数即能够被 1 以外的数整除的自然数。我们可以简单地用两条公理来定义这一集合：

公理 1：1 不是质数。

公理 2：如果 m 和 n 均大于 1，那么 $m\times n$ 不是质数。

也就是说，定义质数最简单的方式应该是从反面着手，把它作为背景，而不是主角。这有些像某些侦探故事里的桥段，最重要的线索往往是没有摆在眼前线索，或者一系列证据之间的联系往往说明了这些证据并没有共同点[①]。

无限

说到无限，罗素曾经讲过下面这个故事：

一个人开始写自传，他花了一年的时间把自己人生的第一天事无巨细地记录了下来。又过了一年，他完成了第二天的叙述。于是他明白了自己的努力只是白费力气，因为就算到他的生命结束，他的自传也只能记录几天，最多一两个月的人生。

① 以夏洛克·福尔摩斯的故事为例，案情的关键是一只没有叫的狗。在爱伦·坡的《莫格街凶杀案》中，不同国籍的人都声称他们听到了一种不是自己国家的语言，侦探却推测出他们所听到的根本不是一种语言。而在神父布朗的另一个故事中，则对一系列无法解释又毫无联系的东西做了一次清点：未镶嵌的宝石、成山的烟草、散落的金属片、没有烛台的蜡烛，神父发现这一切事物都有一个共同点，即不含黄金。

读到这里，你可能认为这个推论非常乏味，不过故事还没有完结。

如果我们假设这个人永生不死，他就能轻易地完成自己的事业：

第一年，撰写人生的第一天；

第二年，撰写人生的第二天；

第三年，撰写人生的第三天。

……

如此循环，便能把自己人生的每一天都记录下来了。

或许你会觉得这是狡黠的小伎俩，但事实并非如此。即便年复一年、夜以继日地不停工作，撰写自传的时间还是会无休止地被延长。就像是那位作数字画的画家一样，一个数字接着一个数字，每幅画的结束后加一抹白色颜料，如果他能长生不死，那他的画作也可以无限延续，但不可能作出一幅纯白的画。这一点伽利略早就认识到了，他就曾经发现平方数和自然数其实同样多，而且这两个集合中每个数都能相互对应：

$$1 \leftrightarrow 1$$
$$2 \leftrightarrow 4$$
$$3 \leftrightarrow 9$$
$$4 \leftrightarrow 16$$
$$\cdots$$

伽利略认为这是一个悖论，便再也没有过多探讨这个话题，不得不由康托尔来就这个问题给出答案。我们在第二章提到过格奥尔格·康托尔，他将其一生都投入到令人搅扰的“无限”问题的研究中，并在当时与同时期的其他数学家陷入了的激烈争论。根据格奥尔格·康托尔的理论，“无限”本身并不存在，存在的只是“无限种类”的无限，例如自然数的集合、平方数的集合、整数的集合，这些都是同一类型的集合，也就是所谓的“无限可数”。这用一个简单的“一对一”法就能证明，举个例子，如果在罗素的故事中，我们假设这位先生不仅生命能够无限延续，而且原本一直就存在于这个世界上，它便可以一天不漏地将自己生命中的每一天记录下来。他所需要做的就只是设立一个日期作为“第零日”，可能这就是他决定创作一部疯狂的自传的日子，请来他的编辑，一起坐下讨论接下来的工作计划。

第一年：记录第零日。

第二年：记录第零日的后一天（第一日）

第三年：记录第零日的前一天（第负一日）

第四年：记录第一日的后一天（第二日）

第五年：记录第负一日的前一天（第负二日）

……

这样一年又一年，这位先生的每一天就这样被记录了下来……

$$0, 1, -1, 2, -2, 3, -3, 4, -4, \cdots$$

到目前为止，这一切看起来并没什么好让人吃惊的，不过是一套建立在无穷集合上的数学小把戏罢了。归根结底，如果都是无穷的集合，他们之间怎么会没有一点儿联系呢？

然而，由有理数和无理数（这些数既可以用十进制书写也包括了循环小数和不循环小数）组成的无穷的实数集合却是更高级的一种集合。康托尔用了一种非常精妙的想法来证明，但是结果还是令人十分震撼，后来这种方法以“对角线方法”闻名遐迩。在接下来的内容里，我们会展示一个非同寻常的论证，论证的基础是我们在第二章中讨论过的：数列[①]。

序列外的证明

在这一部分，我们将要证明实数的无限范围比我们命名为“可数”的自然数的无限范围更广。我们出奇招并非因为一时兴起（或出于浪漫主义），而是因为直接论证没有可行性。我们这一奇招的成功要归功于一个大多数人都能轻易接受的小问题，不过这其中隐藏了一些微妙的事实。实数的集合就等同于一条直线：每一个数字都对应了一个唯一的点，反之亦然。如果我们采用前面的章节中提到的笛卡儿式代表式来做假设，一切就很容易理解了（见图22）。

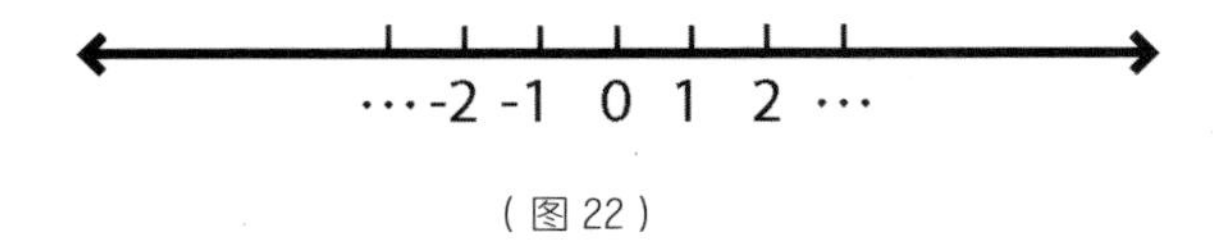

（图 22）

① 对角线方法在《数学与想象》一书中有解释，或者之前提到的霍夫斯塔的书中也有过解释。

用这样的方式来思考数字，假设存在一个可数的集合，便可以按照如下的序列进行书写：

$$a_1,\ a_2,\ a_3,\ \ldots$$

我们现在要做的就是“遮盖”，或者更准确地说是把直线的每一段都“盖”起来，即可以更为精确地表达为如下（见图 23）：

包含了数字 a_1 的长度为 1/2 的线段，

包含了数字 a_2 的长度为 1/4 的线段，

包含了数字 a_3 的长度为 1/8 的线段，

包含了数字 a_4 的长度为 1/16 的线段，

……

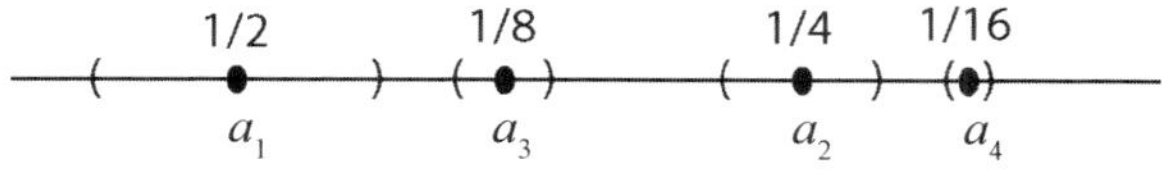

（图 23）

以此类推。由于我们假设的线段包含了所有的点，那么显然这条直线的长度应当小于或等于所有线段的长度之和。但我们之前又提到过：

$$1/2 + 1/4 + 1/8 + 1/16 + \cdots = 1,$$

这个式子带给我们的推论是线段的总长度小于或等于1，这简直是荒唐的答案。

康托尔还证明了一个正方形上的点的数量与它各边上点的数量相同，还有其他诸如此类的奇怪证明。但还是有些东西无法证明，即连续统假设。该假设是说，无穷集合中，除整数集的基数外，实数集的基数是最小的。换句话说，一旦我们证明了实数集是无限不可数的，那么就会理所当然地提出疑问，难道没有大于自然数且小于实数的“中间”无穷集合吗？

或许是因为过于劳累的缘故，康托尔精神失常了，他的故事也就此结束。不过我们现在都知道了当时无法想象的结论是怎么回事：多年以后，在1963年，连续统假设被认定是不可证明的。但也不能证明这是不成立的，正如多年前哥德尔的证明一样，我们在第二章中讨论过的“不可判定”的事。也就是说，康托尔这仿佛是在尝试引诱一位不可能被引诱的公主。

巴赫解说

在前面的章节中，我们提到了“BACH”（巴赫）旋律，这四个字母被作为作曲家的墓志铭并谱写进了旋律里。不幸的是，正当作曲家想要将自己的名字“奏响”时，曲子（准确地说是他生命）就戛然而止了。

巴赫的悲伤结局和他的儿子写下的音符让我们对“赋格”这一音乐形式有了一些思考，相同的主题以不同的高度和音调重复。也就是说，在赋格中，“平行”的概念是本质的，所以谈论“赋格的艺术”与谈论“平行的科学”并无大异。那么，这又绕回了前面提过的法卡斯 · 波尔约和他的儿子亚诺什 · 波尔约关于平行线的讨论。（许多文章称巴赫为“约翰”而非塞巴斯蒂安。）总之，这是两个关于父亲与儿子的故事，关于生命消损的故事，关于遗言与墓志铭的故事。

自圆其说的文字

这是本书的最后一部分，不过在这场充满变数（或者说疯狂）的旅程中，读者一定已经对它有所了解了。我们已经讲述了不少故事，虽然我们多次提到勇敢的阿喀琉斯和美丽的海伦，但很显然这本书不是《伊利亚特》，就像罗素的悖论一样，我们只是试图做一些自圆其说的文字。

但文字通常都是伪装者。在小说《玫瑰的名字》中，作者翁贝托·埃科想起了一些之前的骗局。这还不是唯一的案例，他指出，小说《三个火枪手》虽然以此为名，但它讲的并不是三个火枪手的故事，而是讲述了谁最终会成为第四个达达尼昂。《玫瑰的名字》是翁贝托·埃科写来澄清他小说中的黑暗面的，而我们希望的是文字能够自圆其说。

不管怎么说，原本的计划没有改变：谈论数学，试图展示前言中康托尔的引言中的实质。所以下结论时不妨用一些现代发展的逻辑，即通常所说的“模糊逻辑”，在这种看似奇怪的逻辑中不仅存在真假之分，还有“亦真亦假”的存在。“亦真亦假”可不是随便的结论，而是从广泛的价值出发以严格的方式进行定义，这样的话，我们就可能惊奇地发现如下的陈述：

P 有一点假。

和许多其他数学的分支一样，这种奇怪的逻辑学也在许多地方得到了应用，从医学（“医生，我疼得不得了”）到经济学，例如洗衣机生产商的广告中所说“洗衣服是美好的”。不过在所有的这些问题中，最为突出的成就是，我们可能在逻辑学的发展中找到了一种足以表达人类最关键问题之一的逻辑语言：

非常爱我，有点爱我，一点也不爱我。

结束语

最后一刻：公主离婚了

不是所有的爱情故事都以美好收尾。我们可以畅想一下我们在第一章提到的故事多年以后的发展：公主意识到她的婚姻正走向失败。她最终嫁给了那个给她送去一副眼镜的人，又或者某个“谦逊的美男子”。总之就是她现在的丈夫，虽然我们不清楚公主近视的准确度数，但可以肯定的是公主正在考虑离婚重新开始自己的生活。

公主选择第二次婚姻伴侣的机制和之前一样，唯一不同的是这次她能够“看见”前来求婚的人了，甚至可以在两个候选人之间做比较，明确谁是她更喜欢的对象。然而现在遇到了一个新的问题，候选人们以随机的方式排列，依次出现在公主面前，一旦公主认定了其中一个人选，就不允许再继续接待下一个人，以此看是否会有让她更喜欢的人。此外，公主也不能从已经筛选过的人中再选择，所以最后为了留下最好的人选，她只能让所有的候选人都通过一遍……

为了让事情简单一点，我们假设有十个候选人。那么问题来了，是否存在能让公主找到最佳人选的策略呢？毕竟公主也不能每次都离婚。比如，在第一个候选人出现时就做决定好像不是个好主意，因为后面很可能有更好的选择，不过接见太多的候选人好像也不是什么好主意，这样很可能会后悔："哎，我最喜欢的还是三号候选人……"

而概率论为其提供了一种解决方案：最好的方案是不考虑前四名候选人（这个数字根据候选人的总数计算而变化，总之无论何种情况都是可计算的），然后在接下来出现的候选人中选择第一个超越了刚才所有的候选人的人。虽然这种机制还是包含了一些风险，例如，可能从第五个候选人之后再也没有出现过超越前四个候选人的人，而公主不得不选择最后一名候选人，尽管这个选择非常不如人意。不过这已经是能取得成功的最大概率的方案了，就算失败了，也不能责怪数学。不管怎么说，我们还能安慰公主，她还没有遇到更加糟糕的情况，即马赛多尼奥·费尔南德斯所提到的可怜男人——"他是如此的丑陋，以至于那些比他更丑陋的人都不觉如此丑陋了”。

好了，就让我们在这段关于“极致丑陋”的珍贵记忆中结束这部关于数学之美的作品吧。

参考书目

以下清单中包括一些可供非专业的读者了解掌握数学这门学科的作品。为了不让清单太过冗长，我只列举了为我这本书提供过灵感的作品。

Davis, P. y Hersh, R., *The mathematical experience*, Boston, Birkhäuser, 1981.

一次数学世界的漫步，书中囊括了作者在某些方面的哲学以及他精选的一些“伟大理论”的简要解释，如群论、质数定理、非欧几里得几何、非标准分析等。

Frege, G., *Estudios sobre semántica*, Buenos Aires, Orbis-Hyspamérica, 1985.

弗雷格的这部论文集以语言中的逻辑与哲学为主题，

还专门从历史的视角出发进行阐述。其中较为突出的是弗雷格对于概念和客体、意义与参考，以及功能的定义等问题的思考。书中对 1983 年发表的《算数的基本规律》的介绍和引言是本书的“重头戏”。

Hildebrandt, S., Tromba, A., *Matemática y formas óptimas*, Barcelona, Prensa Científica S.A., 1990.

这本书像是一幅关于优化问题的有趣的全景图，阐述了优化问题在几何与自然界中的重要性。虽然最后几个章节较为复杂，但却对所谓的“变异算法”的历史演进做了引人入胜的介绍，并讨论了一些其中潜在的哲学问题，例如“最小行动原则”。

Hofstadter, D., Gödel, *Escher y Bach, un Eterno y Grácil Bucle*, Barcelona, Tusquets, 1982.

这部如今被视为经典的作品，对哥德尔定理进行了相当详细的介绍，并讨论了大量的与其相关的数学问题，还涉及语言学、生物学、人工智能的观点等。

Kasner, E. y Newman, J., *Matemáticas e imaginación*,

Buenos Aires, Hyspamérica, 1985.

又一部“经典”之作，这部作品在很长时间都是数学普及书单中的必读书。此书用趣味的方式介绍了众多关于数学的知识，读者可以在本书前言博尔赫斯的引言中看到此书中涉及的部分内容。

Le Lionnais, F., *Las grandes corrientes del pensamiento matemático*, Buenos Aires, Eudeba, 1962.

这部作品是一群法国数学家在法国被德国占领期间构思的，对数学的主要问题做出了广泛又充满激情的解释。该书被分为好几个部分，由不同作者的论文构成，讨论的主题根据数学本身（“数学庙宇”）、数学的历史（“数学史诗”）、数学的哲学，以及数学与其他学科的联系（“影响”）划分。

Quine, W. V. O., *Desde un punto de vista ló-gico*, Buenos Aires, Orbis- Hyspamérica, 1984.

一部关于逻辑学基础和语言问题的趣味评论文集。

Rey Pastor, J. y Babini, J., *Historia de la Matemática*,

Barcelona, Gedisa, 1986.

雷伊·帕斯托与巴比尼的这部作品对直到19世纪的数学历史做了一个很好的介绍，书中还涉及了一些20世纪的内容(虽然很少)。据其序言所说，该书不仅是一部百科全书，更是“自古以来精确科学在抽象阶段和过程中的认识论概念”。

Russell, B., *Introducción a la filosofía Matemática*, Buenos Aires, Losada, 1945.

虽然这本书稍显过时，但向读者介绍了20世纪初期数学家们所关心的问题，特别是那些与数学基础相关的问题，如数字的构成或集合与分类等。

Santaló, L., *Geometrías no euclidianas*, Buenos Aires, Eudeba, 1966.

在该作品的前两个章节中，桑塔洛简要地对欧几里得元素的研究历史做了回顾，尤其是关于第五公设的问题以及非欧几里得几何的出现。余下的章节在影射几何的背景下对非欧几里得几何做了非常详细和技术性地阐释。

Tasic, V., *Una lectura Matemática del pensamiento postmoderno*, Buenos Aires, Colihue, 2001.

本书对“科学”和被称为后现代主义的现象之间的争论的关键方面进行了精彩的介绍。为了证明论点，作者用了较大的篇幅来解释各种数学和哲学思想理论，单是这些解说就使得这本书非常值得阅读。

最后，我还要列出以下这些在文章中引用过的具有“非数学”特性（至少，不完全与数学相关）的文章：

Borges J. L., *Obras Completas*, Buenos Aires, Emecé, 1974.

Carroll, L., *Alicia en el país de las maravillas*, Buenos Aires, Brújula, 1968.

Carroll, L., *A través del espejo*, Madrid, Edicomunicación, 1998.

Chesterton, G. K., *El candor del Padre Brown*, Madrid, Hyspamérica, 1982.

Fernández, M., *Papeles de recienvenido*, Buenos Aires, Centro Editor de América Latina, 1966.

Herrigel, E., *Zen y el arte de los arqueros japoneses*, Buenos Aires, Mundonuevo, 1959.

Lacan, J., *Escritos*, Buenos Aires, Siglo XXI editores Argentina, 1988.

Pessoa, F., *Antología poética*, Madrid, Espasa Calpe, 1982.

Poe, E. A., *Obras Completas*, Madrid, Claridad, 1982.

Sabato, E., *Uno y el Universo*, Buenos Aires, Sudamericana, 1969.

Wittgenstein, L., *Tractatus Logicus-Philosophicus*, Barcelona, Altaya, 1994.

图书在版编目（CIP）数据

别怕，数学也可以很迷人 / (阿根廷) 巴普诺·阿姆斯特尔著 ; 李文雯译 . -- 海口 : 南海出版公司 , 2023.7

（科学好简单）

ISBN 978-7-5735-0405-0

Ⅰ . ①别… Ⅱ . ①巴… ②李… Ⅲ . ①数学－普及读物 Ⅳ . ① O1-49

中国国家版本馆 CIP 数据核字 (2023) 第 104217 号

著作权合同登记号　图字：30-2023-034

BIE PA, SHUXUE YE KEYI HEN MIREN

别怕，数学也可以很迷人

作　　者　［阿根廷］巴普诺 · 阿姆斯特尔
译　　者　李文雯
责任编辑　周　咪
策划编辑　张　媛　雷珊珊
封面设计　柏拉图
出版发行　南海出版公司　电话：（0898）66568511（出版）（0898）65350227（发行）
社　　址　海南省海口市海秀中路 51 号星华大厦五楼　邮编：570206
电子信箱　nhpublishing@163.com
印　　刷　北京建宏印刷有限公司
开　　本　787 毫米 ×1092 毫米 1/32
印　　张　5
字　　数　80 千
版　　次　2023 年 7 月第 1 版　2023 年 7 月第 1 次印刷
书　　号　ISBN 978-7-5735-0405-0
定　　价　45.80 元